U0041496

【暢銷修訂版】

漫畫 建築物理環境入門

原作＝原口秀昭　漫畫＝Sano Marina　譯者＝陳曄亭

積木文化

目 次

前情提要＆人物介紹

就讀建築科系四年級的阿晃，在「結構力學」這門學科的表現一直不如人意，因而面臨了延畢的危機。沮喪的他偶遇青梅竹馬阿築，得知她也念建築系，於是接受了阿築的特訓。過程雖然辛苦，但總算是平安畢業了。然而，阿晃對阿築好像還多了一些特別的情愫……。

（詳情請見《漫畫結構力學入門》【暢銷修訂版】）

阿築

好強的女生。在著名的黑崎工作室工作，是未來的種子建築師。成績優秀，運動全能。在女子大學時期曾教導阿晃結構力學。

阿晃

膽怯纖細的男生。大學時曾面臨延畢危機，幸好有阿築的結構力學特訓，總算才平安畢業。目標是成為建築師，目前待業中。

友子

阿築在女子大學的朋友，性格成熟大方。

涼一

友子的男朋友。對建築不太了解，但犀利的發言常對阿晃造成威脅。

10

是風！

嗯

答對了，就是氣流。

氣溫、濕度、氣流，都是決定冷熱的關鍵喔。

沒有風的話，會更加悶熱。

汪！汪！

……

你知道為什麼沒有風就會感到炎熱嗎？

喂！阿晃。

……

汪！

我知道了！

風會讓水分蒸發，帶走熱氣。

沒有風的話，水分很難蒸發，就會感到炎熱。

驚──

此外，風還有促進對流的效果。

16

就像潑水後會變得比較涼一樣。

將柏油路的溫度降低，輻射熱也會減弱。

所以，輻射熱也是重要的因素唷！

在氣溫、濕度、氣流之後，還有個輻射熱啊！

潑

輻射熱

氣流

濕度

氣溫

這四個就稱作溫熱四要素喔！

快熱死了還能這麼有活力，這個人啊……

熱死我了……

氣溫、濕度、氣流和輻射熱，就是溫熱四要素啊，還滿簡單的嘛！

這四個是基本要素，但還可以再加上兩種要素呢。

還來啊！

蝦蝦蝦密？

氣溫、濕度、氣流跟輻射熱，都是因為環境而改變，對吧？

另外還有因人而異的要素唷。

氣流

氣溫

輻射熱

濕度

是胖或瘦的關係嗎？

我是適中呢

哈！也是可以這樣說啦，因為穿著肉嘛。

好熱

好冷—

對了！是我們穿的衣服。

在夏天穿著毛皮外套，一定更熱啊。

嗯

22

衣著量與代謝量就是人體的溫熱要素。

而氣溫、濕度、氣流與輻射熱，就是環境的溫熱要素。

所以說氣溫、濕度、氣流、輻射熱是環境因素，衣著量跟代謝量是人體因素啊……

不過真是越學越覺得熱啊。

對了！

是因為溫熱要素四個字聽起來太熱了吧。

會用到熱這個字也是沒辦法的吧！

只要改成涼寒要素就好啦！

聰明！

喂！那冬天要怎麼辦啊！

氣流 ⟶ 促進蒸發與對流 ⟶ 身體感覺溫度下降

熱的傳送方式： 傳導　　　　對流　　　　輻射

流動　　　　呼　　　　　咻

輻射是電磁波

太陽　咻　地球

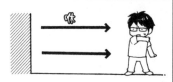

咻

環境的溫熱要素： 氣溫　濕度　氣流　　　　輻射熱

人體的溫熱要素： 衣著量　　　　　代謝量
（克洛）　　　　（Met）
（clo）

29

比如說100萬的戒指，價值是絕對的，

但如果說戒指值三個月的薪水，就是相對了！

閃亮

100萬的價值是不可動搖的，

若用三個月來計算價值，就會因為薪水的高低而改變。

左右都是三個月的分量

哈，若以阿晃的狀況來看，薪水才1萬，那就是3萬元的戒指啦！

便宜啦！

啊哈！

像老太婆般揮手……

以你的情況來看啊，是絕對不可能的啦。

笑嘻嘻

想太多……

阿築是想從我這裡得到戒指嗎……？

噗咚！

噗咚！

太快了吧！

笨蛋！不管是鐵、棉花或是空氣，1 kg就是1 kg！

啊……

啊哈哈哈……

這根本是陷阱嘛……

空氣 1kg

棉花 1kg

鐵 1kg

就算輕如空氣，只要蒐集夠多，也可以有1 kg重囉，

可是這樣體積有多大呢？

1 kg的空氣體積？

好像很有趣耶，我來算一下好了。

雖然可愛，還有一座山谷（胸部），但這傢伙異性緣一定很差。

振筆疾書

空氣在標準狀態下（0℃、1大氣壓），28.8g（空氣的分子量約為28.8g＝1莫耳）的空氣體積約為22.4L，由此計算可知，1kg的空氣約為777.8 L＝0.78m³。

32

在1kg的乾燥空氣裡，有多少kg的水蒸氣啊？

哈啊……

雖然會隨著溫度跟濕度改變，

不過一般情況※是0.009kg吧。

※在氣溫20℃、濕度60％的條件下。

你一定在想為什麼不說9g，對不對？

……

被看透了……

那是為了跟分母的乾燥空氣用同樣的單位呀。

水蒸氣
0.009kg

乾燥空氣
1kg

1kg對0.009kg，

$$\frac{0.009\,kg}{1\,kg} = 0.009\,kg/kg'$$

kg'也是指kg。為了表示分母與分子為不同物質，因此加上'作區分。

比值為0.009，單位就寫成kg/kg'。

一般來說，比值是沒有單位的，

但為了容易理解，才特別寫成kg/kg'。

這樣有比較容易理解嗎？

34

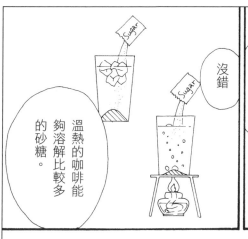

那麼冷咖啡跟熱咖啡，哪一個可以溶解較多的砂糖呢？

當然是熱的啊。

沒錯

溫熱的咖啡能夠溶解比較多的砂糖。

喔，反正我不是甘黨，跟我沒什麼關係。

※甘黨指愛吃甜食的女性；相反的，愛抽菸喝酒的叫辛黨（通常指男性）。

當然有關係！就是空氣跟水蒸氣！

是、是、是這樣嗎？

好可怕……

空氣也一樣，溫度越高，能容納的水蒸氣就越多。

冷空氣

飽和時，水蒸氣較少

熱空氣

飽和時，水蒸氣較多

跟咖啡一樣啊！！

如果把縱軸設定為水蒸氣的量,橫軸為溫度,會得到怎樣的飽和水蒸氣量圖呢?

就像這樣

水蒸氣量隨著溫度增加而上升的直線圖。

水蒸氣量

飽和水蒸氣量

溫度

真遺憾!

○ ✕

飽和水蒸氣量是隨著溫度上升以加速度上升的唷!

也就是說,飽和水蒸氣量對溫度的改變很敏感囉。

這個圖就稱作空氣線圖,是用來表現溫度與水蒸氣量的關係。

水蒸氣量

溫度

36

水蒸氣在空氣中所佔的質量為絕對濕度。

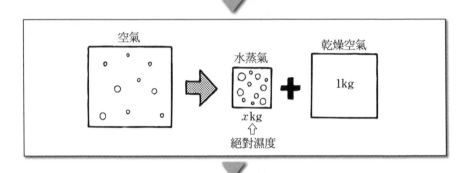

現在濕度下水蒸氣量與飽和水蒸氣量之比值即為相對濕度。

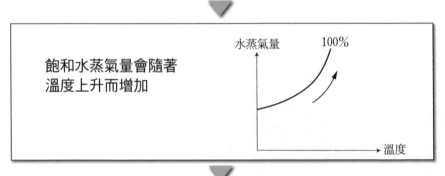

飽和水蒸氣量會隨著
溫度上升而增加

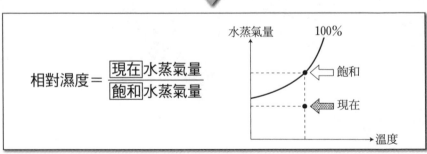

$$相對濕度 = \frac{\boxed{現在}水蒸氣量}{\boxed{飽和}水蒸氣量}$$

44

很簡單，
杯子漏水了！

倒

哎有這種事—

話說回來，杯子附近的空氣會因為杯中的冰水而冷卻下來……

這又代表什麼呢？

哈，開玩笑的啦，我才沒那麼笨咧。

不不不你是真的笨啊！

哈哈

你是說在溫度25℃，濕度50%條件下的空氣會有什麼變化嗎？

50%

這個位置是溫度25℃、濕度50%

0.01kg

25℃

水蒸氣在溫度25℃、濕度50%的狀態下，質量是這樣。

46

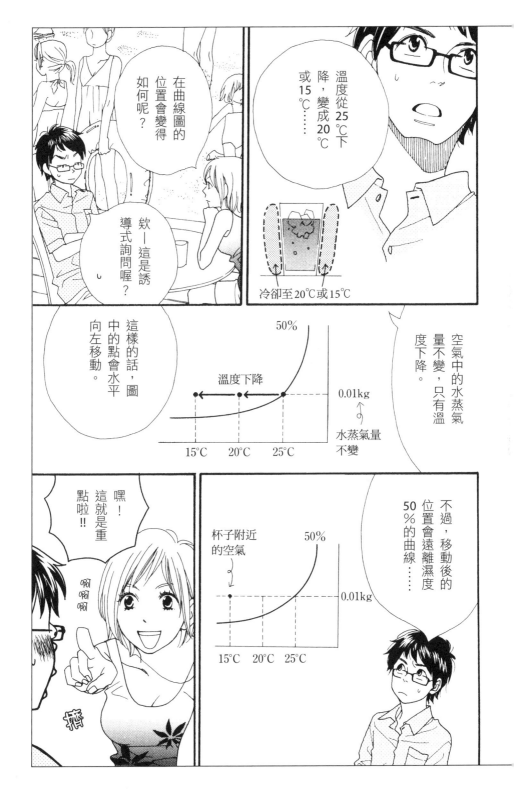

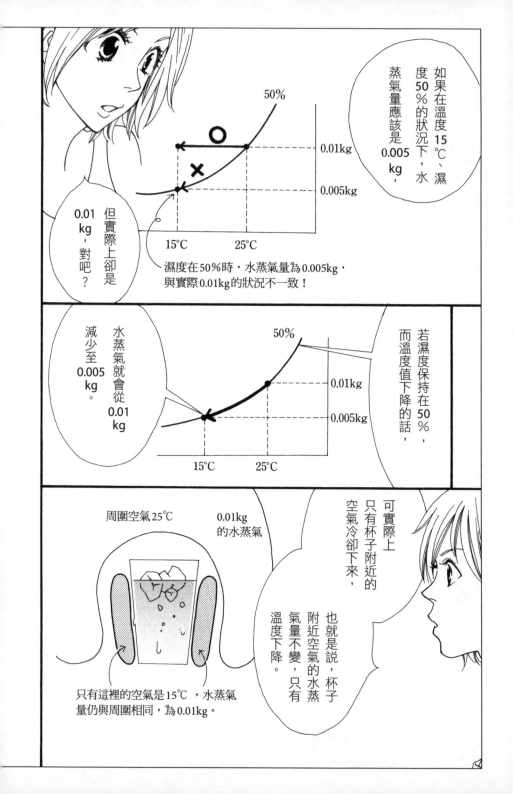

杯子附近空氣中的水蒸氣是跟周圍的空氣相連接，因此其質量不會改變，

於是只有相對濕度改變了。

不同的相對濕度

50%

涼爽……

15℃　　25℃

相對濕度是以現在的狀態跟飽和時的狀態相比較的呀。

但為什麼相對濕度會改變呢？

喔

$$相對濕度 = \frac{現在狀態}{飽和狀態} \left(\begin{array}{c}單位有\\很多種\end{array}\right)$$

溫度下降時，飽和狀態的水蒸氣量減少，

因此可以容納的上限值也跟著減少了。

15℃

15℃的狀態

25℃

25℃的狀態

15℃的飽和狀態

25℃的飽和狀態

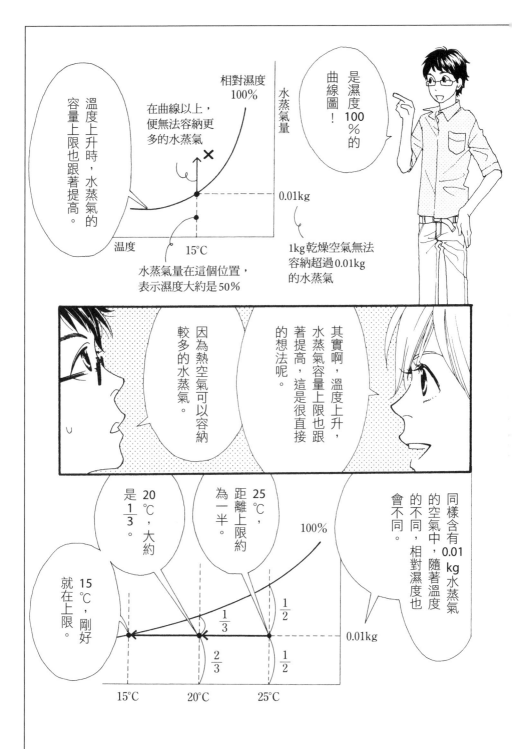

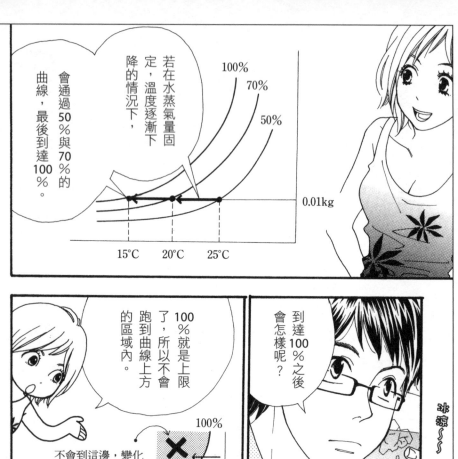

若在水蒸氣量固定，溫度逐漸下降的情況下，會通過50％與70％的曲線，最後到達100％。

100%
70%
50%
0.01kg
15°C　20°C　25°C

到達100％之後會怎樣呢？

100％就是上限了，所以不會跑到曲線上方的區域內。

不會到這邊，變化僅止於100％曲線圖的下方。

100%

冰涼～～

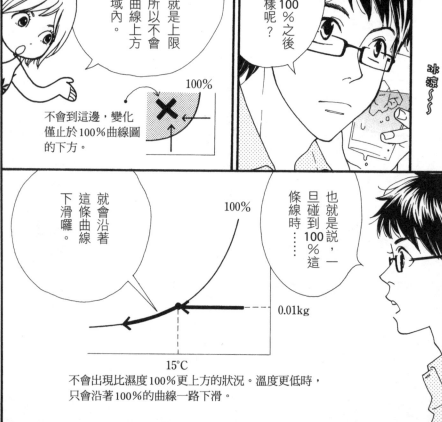

也就是說，一旦碰到100％這條線時……

就會沿著這條曲線下滑囉。

100%
0.01kg
15°C

不會出現比濕度100%更上方的狀況。溫度更低時，只會沿著100%的曲線一路下滑。

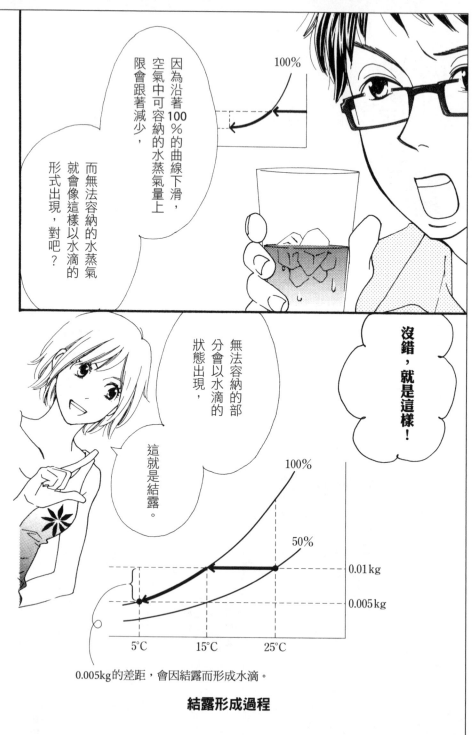

因為沿著100％的曲線下滑，空氣中可容納的水蒸氣量上限會跟著減少，

而無法容納的水蒸氣就會像這樣以水滴的形式出現，對吧？

100%

沒錯，就是這樣！

無法容納的部分會以水滴的狀態出現，

這就是結露。

100%

50%

0.01 kg

0.005 kg

5℃   15℃   25℃

0.005kg的差距，會因結露而形成水滴。

結露形成過程

54

溫度跟濕度決定
水蒸氣量。

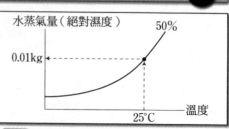

只有杯子附近的
溫度下降。

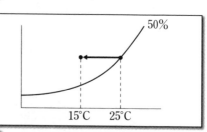

接近100%曲線
時,代表達到飽
和狀態。

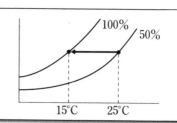

溫度更低時,空
氣無法容納的水
蒸氣就以水的狀
態出現。

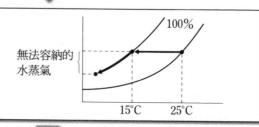

水蒸氣以水的狀態出現,稱之為結露。

第4章 比熱
情敵登場!?
越比越有勁!!

想不到這種超養眼鏡頭
會出現在教學漫畫裡!

WOW!

這樣會不會被
罰錢啊!?

人聲鼎沸

排骨精～

我的能量
倒是已經
用盡了。

話說回來，
大家還真是有精神啊─

帕沙─
帕沙─

喔
～～

57

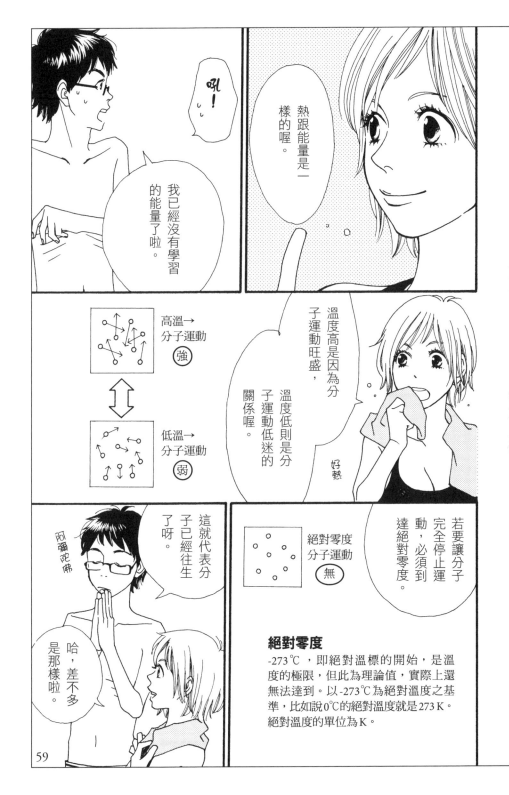

咧！

我已經沒有學習的能量了啦。

熱跟能量是一樣的喔。

高溫→分子運動 強

低溫→分子運動 弱

溫度高是因為分子運動旺盛，溫度低則是分子運動低迷的關係喔。

好熱

若要讓分子完全停止運動，必須到達絕對零度。

絕對零度分子運動 無

阿彌陀佛

這就代表分子已經往生了呀。

哈，差不多是那樣啦。

絕對零度
-273℃，即絕對溫標的開始，是溫度的極限，但此為理論值，實際上還無法達到。以-273℃為絕對溫度之基準，比如說0℃的絕對溫度就是273 K。絕對溫度的單位為K。

固體　分子運動強（振動）＝溫度高

 液體　分子運動強＝溫度高

氣體　分子運動強＝溫度高

固體也好，液體也好，氣體也好，溫度高的時候，代表分子運動旺盛。

所以物質含有熱時，分子運動旺盛，也代表擁有很多能量的意思囉。

 熱

 分子運動旺盛

有許多能量

結論

熱＝能量

我們將熱稱為熱量，但是單位跟能量相同。

 阿晃好屬害喔。

我只要認真起來也是很強的啦。☆

笨蛋……

60

那麼，要讓10g水上升5℃，需要多少熱量呢？

1g水上升5℃要5 cal，如果是10g的水，那就是50 cal囉？

沒錯！

這麼說來，還有比熱這東西呢！

讓1g的物質上升1℃所需要的熱量，就叫作比熱。

讓1g的物質上升1℃的熱量不都是1 cal嗎？

那是指水吧？

啊，是這樣啊。

好像國中有學過的樣子喔。

當然有學過!!

啊哈哈

那麼，要讓10g的銅上升20℃，需要的熱量又是多少呢？

讓1g的銅上升1℃，需要0.09cal的熱。

沒錯，銅的比熱0.09。

1g上升1℃是0.09cal，所以10g上升1℃就是0.9cal。

0.09cal/g·℃×10g＝0.9cal/℃

10g上升20℃的話，就是20倍，也就是18cal囉。

0.9cal/℃×20℃＝18cal

拍　拍

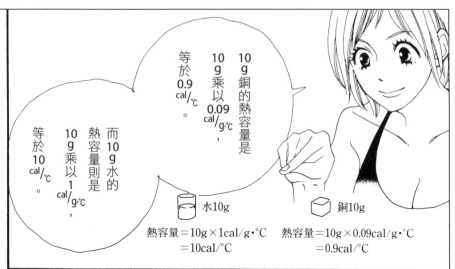

10g銅的熱容量是
10g乘以0.09 cal/g·℃，
等於0.9 cal/℃。

而10g水的熱容量則是
10g乘以1 cal/g·℃，
等於10 cal/℃。

水10g

銅10g

熱容量＝10g×1cal/g・℃
　　　＝10cal/℃

熱容量＝10g×0.09cal/g・℃
　　　＝0.9cal/℃

比熱指的就是讓1g的物質上升1℃的熱量，對吧？

所以讓1g水上升1℃就是1cal呀。

※物質比熱是與水相比，所以水的比熱為1。比重是與水比較的重量，所以水的比重也是1。

這麼說來，水的比熱就是1囉？

水的熱容量還真大。

是啊。

大海有許多的水，因此熱容量也非常大唷。

所以就算太陽不斷照射，溫度也不會容易升高，一旦升高了，就很難降溫了。

白天因為陸地的熱容量較小，所以陸地溫度容易升高，

風會從氣壓高的地方往低的地方吹，因此白天是吹海風。

陸（溫）

海（冷）

風

陸地的空氣受熱膨脹，氣壓較低。

相反的，晚上海面較難降溫，因此改吹陸風。

陸（冷）

風

海（溫）

原來風也跟熱容量有關啊……

不過，不管從哪個方向吹都好，只要舒服就……（睡著）

喂！

你知道能量的單位是什麼嗎？

妳，哈哈！知道也不告訴

那蒸汽機是誰發明的？

是瓦特！

我知道！我知道！

哈！真好套話。

瓦特（W）是功率單位，也就是每秒的耗能單位喔！

被騙了─

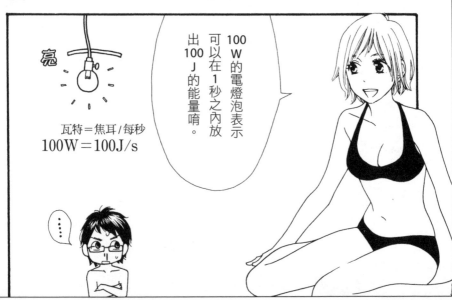

100W的電燈泡表示可以在1秒之內放出100J的能量唷。

亮

瓦特＝焦耳／每秒
100W＝100J／s

……

牛頓（N），焦耳（J），瓦特（W）

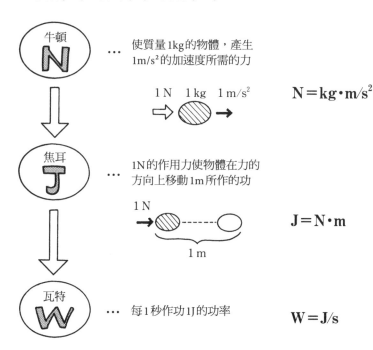

牛頓 **N** … 使質量1kg的物體，產生 1m/s²的加速度所需的力

$$N = kg \cdot m/s^2$$

焦耳 **J** … 1N的作用力使物體在力的 方向上移動1m所作的功

$$J = N \cdot m$$

瓦特 **W** … 每1秒作功1J的功率

$$W = J/s$$

熱量的單位與能量相同，可以焦耳（J）或卡路里（cal）表示。

1N的力使物體在力的方向上移動1m所作的功為1J。

每1秒作功1J的功率為1瓦特（W）。

熱量＝比熱 × 質量 × 溫度差
$$Q = c \times m \times \varDelta t$$

熱容量＝比熱 × 質量
$$H = c \times m$$

熱容量大→可容納較多的熱量→溫度不易變化

第5章 有效溫度・修正有效溫度
在海灘加溫的情誼!?

對了,阿晃是阿築的男朋友嗎?

哈

我喜歡的是可靠又外向的男生喔,

少來了,才不是呢。

啊哈哈

宅男加笨蛋可不行!

我只是裝笨唄!!

這傢伙不行的耶!

73

不就是乾燥的球與濕潤的球嗎！

是吧……

你知道乾球溫度與濕球溫度有什麼不同嗎？

………

唰唰

海下

那這又代表什麼呢？

因為濕球是濕的，所以溫度比較低。

是吧……

你沒有看過包著紗布的溫度計嗎？

啊—妳說那個啊。

好像在小學時見過……

哈哈哈—

因為水的蒸發而感到寒冷啊……

汪！汪！

那，由這個差別可以知道什麼？

嘟囔……

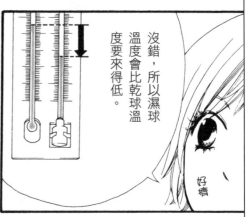

沒錯，所以濕球溫度會比乾球溫度來得低。

好醬

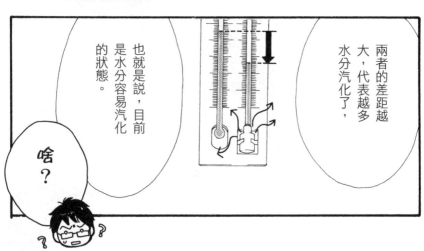

兩者的差距越大，代表越多水分汽化了，

也就是說，目前是水分容易汽化的狀態。

啥？

請給我四支

這樣的話，若是有風吹過，水就容易蒸發，濕球溫度也就跟著下降囉。

想不到阿晃還挺聰明的嘛！

啊哈哈

「想不到」是多餘的吧！

有沒有風吹過，的確會產生影響而導致誤差喔。

窸窸窣窣

窸窸窣窣

謝謝—

是冰棒耶—

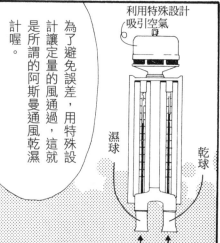

為了避免誤差，計讓定量的風通過，用特殊設計是所謂的阿斯曼通風乾濕計喔。

利用特殊設計吸引空氣

濕球

乾球

阿築的要點提示

阿斯曼通風乾濕計（Assmann psychrometer）：可測量溫度與濕度，內裝有溫度計，以小型電扇控制空氣進入金屬管，且金屬管也有防太陽輻射的功能，一般認為其測量數據最為標準。

原來如此，強制讓定量的風通過啊。

在這種時候還這麼熱，是因為地球暖化現象嗎？

是因為二氧化碳造成的溫室效應，

好嚴肅的話題啊。

你聽過這句話嗎？

Think globally, Act locally.

思維全球化，行動在地化。

globally 的 global 有地球或是球的意思……

唔！

原來英文也是啊

我英文不太行耶。

哎呀！忘了黑球溫度計了。

把溫度計放在表面漆黑的薄金屬球中，

是指球形的溫度計啦！

地球※的溫度也可以測量嗎？

藉此可以計算四周牆壁的輻射熱溫度。

相反的，如果四周的溫度較室溫低的話，就會從球釋出輻射熱喔。

※日文中黑球溫度計與地球溫度計唸法相同。

計算其與室溫的溫度差，就可以計算出輻射熱，計算所得就是平均輻射溫度，也就是周圍牆壁的平均溫度唷。

牆壁溫度較高

輻射

溫度比室溫高

牆壁溫度較低

輻射

溫度比室溫低

平均輻射熱＝MRT

也稱作ET喔。

將氣溫、濕度、氣流三要素結合起來的體感溫度，就是有效溫度。

氣流　氣溫

濕度

如果把四要素全部納進去的話，

就變成修正有效溫度（CET）囉。

奇怪？不是溫熱四要素嗎？

輻射熱怎麼不見了？

**具代表性的
兩種體感溫度**

有效溫度（ET：Effective Temperature）
　　　　氣溫＋濕度＋氣流

修正有效溫度（CET：Corrected ET）
　　　　氣溫＋濕度＋氣流＋輻射熱

有效溫度是由許多人實際測量而求得的實際感覺，
而非使用儀器直接測量而得。

咬牙⋯

那要怎麼計算呢？

哈！外星人也叫ET呢，確實⋯確實⋯確實

再怎麼樣也不能輸這個空有肌肉的傢伙。

氣溫、濕度、氣流三個綜合起來給予人體的感覺，就是有效溫度，對吧？

問題是怎麼得到濕度跟氣流呢？

作為室內氣流的話，5 m/s似乎有點太高囉。

只要直接決定了就好，比如說濕度50%，氣流5 m/s⋯⋯

啊⋯⋯那1 m/s呢？

不如將氣流固定為 0 m/s，

濕度則為 100%，如何？

還真是悶熱的設定呢。

濕度100%的情況下，乾球溫度與濕球溫度相同。

不過啊，由於體感溫度會因人而異，所以必須要讓許多人一起進行實驗才行，

因此要製造出濕度 100%，氣流 0 m/s 的環境，讓大家進去感受一下。

100%
0 m/s

……

如果不能讓許多人感受，就不能成為標準的體感溫度了。

如果要把箱子搬到各種地方，這樣不會太辛苦嗎？

海灘

高原

沙漠

辦公室

那要如何製造咧？

所以啊，我們要藉著改變氣溫、濕度、氣流來製造出各種環境，這樣就輕鬆多啦！

只要製造兩個箱子不就好了嗎？

一個箱子是計算100％，0m/s狀況下的有效溫度，另一個箱子則是用來製造各種不同的環境……

就像這樣……

有效溫度的箱子

（ET）℃
100%
0 m/s

各種環境的箱子

（　）℃
（　）%
（　）m/s

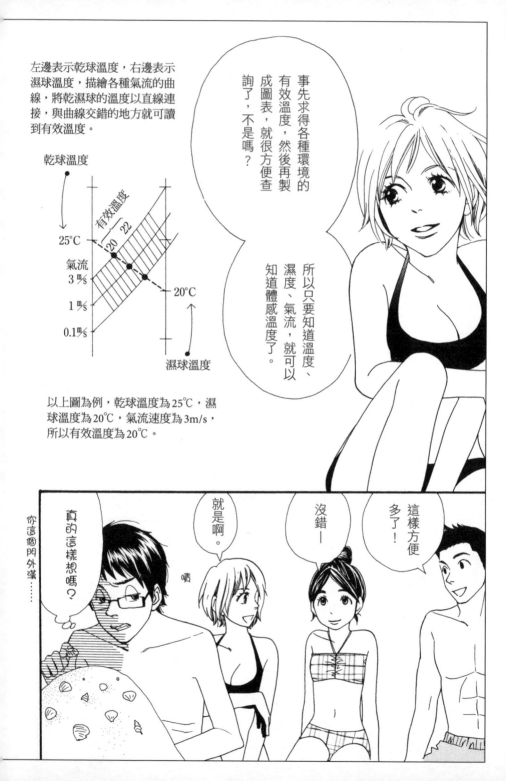

左邊表示乾球溫度，右邊表示
濕球溫度，描繪各種氣流的曲
線，將乾濕球的溫度以直線連
接，與曲線交錯的地方就可讀
到有效溫度。

乾球溫度

有效溫度

25℃

氣流
3㎧

1㎧

0.1㎧

20℃

濕球溫度

以上圖為例，乾球溫度為25℃，濕
球溫度為20℃，氣流速度為3m/s，
所以有效溫度為20℃。

事先求得各種環境的
有效溫度，然後再製
成圖表，就很方便查
詢了，不是嗎？

所以只要知道溫度、
濕度、氣流，就可以
知道體感溫度了。

你這個門外漢……

真的這樣想嗎？

嘖

就是啊。

沒錯——

這樣方便
多了！

利用乾球溫度與濕球溫度的差別，得到濕度。

▼

阿斯曼通風乾濕計是在氣流一定的條件下進行計算。

▼

黑球溫度計可計算輻射熱。

▼

有效溫度（ET）是用以表示體感的溫度。

▼

濕度100％，氣流0m/s的箱子的溫度，可表示為ET。

▼

將兩個箱子的體感進行比較，計算ET。

咕嚕─

如果熱無法傳導的話，那就慘了唷。

吼！

又來啦。

如果火的熱無法傳導到鐵板上，肉就無法烤熟了吧？

那當然，這道理就像太陽從東方升起一樣合理啊。

92

那我再問你，如果把手到鍋子整體都是300℃的話，熱還會流動嗎？

真是極端的假設……

假設本來就是要極端一點啊。

300℃　　300℃

300℃　　300℃

鍋子的每個部分都是300℃的話……熱就只會累積，不會流動了。

也就是說，應該是由熱的地方流到冷的地方，像這樣。

熱
300℃　　　冷
10℃

沒錯！溫度差越多，熱就越容易流動唷。

300℃　➡　10℃
流動多

20℃　➡　10℃
只流動一些些

94

傳導熱量 ∝ 溫度差

∝表示正比

溫度差如果是2倍，就會傳導2倍熱量。

熱傳導的量與溫度差成正比啊！

如果入口的溫度是 θ_1，出口溫度是 θ_2，那麼溫度差就是 $\theta_1 - \theta_2$。

就會變成這個式子。

溫度差（常以 $\Delta\theta$ 表示）

傳導熱量 ＝ ⬡ × ($\theta_1 - \theta_2$)

其他條件一定時，⬡ 此為常數

除了溫度差之外，還有其他的條件唷。

？

如果鍋子的把手比較長的話會怎樣呢？

咕嚕 咕嚕

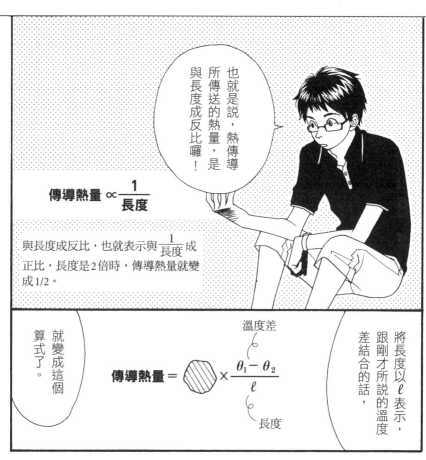

也就是說，熱傳導所傳送的熱量，是與長度成反比囉！

$$傳導熱量 \propto \frac{1}{長度}$$

與長度成反比，也就表示與$\frac{1}{長度}$成正比，長度是2倍時，傳導熱量就變成1/2。

將長度以 ℓ 表示，跟剛才所說的溫度差結合的話，

$$傳導熱量 = \text{⬡} \times \frac{\overbrace{\theta_1 - \theta_2}^{溫度差}}{\underbrace{\ell}_{長度}}$$

就變成這個算式了。

其中 $\frac{\theta_1 - \theta_2}{\ell}$ 叫作溫度梯度。

梯度，是指坡道的斜率嗎？

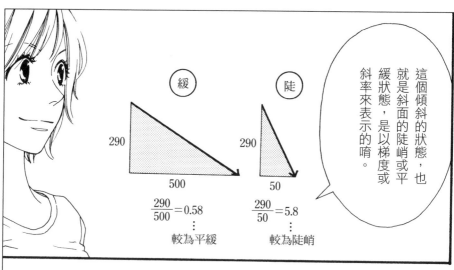

這個傾斜的狀態，也就是斜面的陡峭或平緩狀態，是以梯度或斜率來表示的唷。

緩

陡

290

500

290

50

$\frac{290}{500} = 0.58$

較為平緩

$\frac{290}{50} = 5.8$

較為陡峭

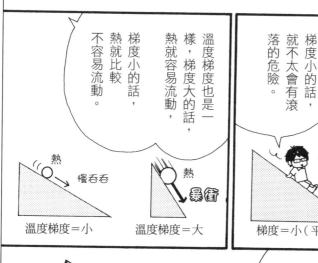

溫度梯度也是一樣，梯度大的話，熱就容易流動，梯度小的話，熱就比較不容易流動。

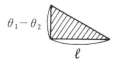

熱　慢吞吞

溫度梯度＝小

熱　暴衝

溫度梯度＝大

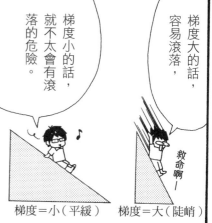

梯度大的話，容易滾落。

梯度小的話，就不太會有滾落的危險。

救命啊！

梯度＝小（平緩）

梯度＝大（陡峭）

$\theta_1 - \theta_2$

ℓ

$$溫度梯度 = \frac{\theta_1 - \theta_2}{\ell}$$

這樣是不是可以很直接的想到傳導熱量是與溫度梯度成正比關係呢？

梯度 大 $\begin{cases} 溫度差大 \\ 長度短 \end{cases}$ ⇨ 傳導熱量 大

梯度 小 $\begin{cases} 溫度差小 \\ 長度長 \end{cases}$ ⇨ 傳導熱量 小

傳導熱量分別跟溫度梯度還有斷面積成正比，所以只要相乘就可以了。

沒錯，面積通常都是以 S 來表示，跟剛才所說的溫度梯度合在一起的話，就會成為這個算式了。

傳導熱量 ＝  × 梯度 × 斷面積

若是2倍，流量也是2倍　若是2倍，流量也是2倍

傳導熱量 ∝ 斷面積

$$傳導熱量 = \bigcirc \times \frac{\theta_1 - \theta_2}{\ell} \times S$$

溫度梯度　　斷面積

不行，一定要比這個肌肉男早想出來！！

閃亮

還有一個啊？

除了梯度跟斷面積，還有一個重要條件唷。

海～

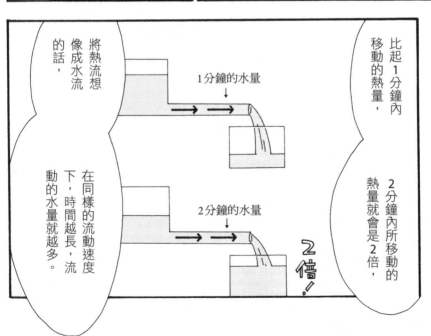

白痴！
那這個是
什麼？

$$\text{傳導熱量} = \bigcirc \times \frac{\theta_1 - \theta_2}{\ell} \times S \times t$$

這裡要填入常
數，比如 2.5 或
0.3 等數字。

妳指比例
常數嗎？

這個常數稱作
熱傳導係數，
以 λ 表示。

熱傳導係數……λ

阿築的要點提示

$$\text{傳導熱量} = \lambda \times \frac{\theta_1 - \theta_2}{\ell} \times S \times t$$

熱

長時間放在屋子內的杯子或鍋子，溫度應該要和室溫一樣才對吧！

但這些東西摸起來卻比木製的桌子要來得冷。

我想就是因為金屬跟玻璃的熱傳導係數高，容易將手的熱傳走，

所以感覺溫度比較低吧。

涼一你好厲害喔。

沒有阿晃出場的機會……

就有疑問了。

這我從以前

還有一個原因唷。

金屬或玻璃的表面都是平滑的，

表面平滑，接觸面大

⬇

熱容易流動

所以熱也比較容易流動唷。

λ值大，再加上接觸面大，所以熱容易流失，

而木頭的表面凹凸不平，接觸面也變得較少。

熱流流動的難易程度以熱傳導係數（λ）表示；而抵抗熱傳導的能力，則是熱傳導係數的倒數（$\frac{1}{\lambda}$）乘上長度（ℓ）後的數值（$\frac{ℓ}{\lambda}$），也就是表示熱量較難流動的係數。

λ … 容易流動

$\frac{ℓ}{\lambda}$ … 難以流動（熱阻）

原來$\frac{ℓ}{\lambda}$是熱阻啊。

長度長的話，熱就比較不容易流動，λ值小的話，也比較難流動，這是當然的嘛。

阿晃，你怎麼了？

都讓這肌肉男講光了啊……

可惡，我竟然連肌肉男都贏不了……

我看是你的腦袋裡缺乏氧氣流動吧，因為傳導阻力太大了。

太過分了……

哈哈哈哈
哈一哈
哈哈哈哈哈

所謂的熱傳導，是表示熱在物質中傳送。

傳導熱量與溫度梯度成正比

$$傳導熱量 = \text{} \times \frac{\theta_1 - \theta_2}{\ell}$$

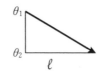

傳導熱量與斷面積（S）成正比

$$傳導熱量 = \times \frac{\theta_1 - \theta_2}{\ell} \times S$$

傳導熱量與時間（t）成正比

$$傳導熱量 = \times \frac{\theta_1 - \theta_2}{\ell} \times S \times t$$

比例常數為熱傳導係數（λ）

$$傳導熱量 = \lambda \times \frac{\theta_1 - \theta_2}{\ell} \times S \times t$$

第7章 熱傳遞
告白！
心意也能如同熱一樣傳遞！！

嗝——
飽了飽了。

鐵板冷卻下
來了吧？

嗯
又來了……

偶爾在戶外
吃飯也挺不
錯的嘛。

我泡咖啡給
大家喝吧。

阿晃，你去
洗鐵板。

是的，
遵命。

109

物質跟空氣之間叫作傳遞。

在物質內傳送叫作傳導，

傳導跟傳遞一樣吧？

不一樣─

傳導 … 物質內

傳遞 … 物質←→空氣

物質內
傳導

物質←→空氣
傳遞

唉！要分辨「傳導」跟「傳遞」之間的差異很難耶！

那就給我背起來！

是，我會努力的。

我想想，由牆壁到空氣的傳遞是……

怦怦跳

阿

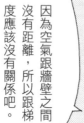

開、開玩笑的啦。

轉頭

無用男。

傳遞熱量 $\propto$ 溫度差 $(\theta_1-\theta_2)$

感覺應該是跟溫度差成正比。

因為空氣跟牆壁之間沒有距離，所以跟梯度應該沒有關係吧。

牆壁　空氣

θ_1　θ_2

傳遞熱量 $=$ 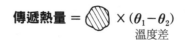 $\times (\theta_1-\theta_2)$
溫度差

我想應該是跟溫度差成正比，就變成這個算式了。

心跳不已

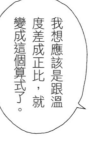

阿晃，你剛剛說……？

我、我是說熱傳遞跟溫度差成正比關係啦。

當鐵板較大的時候，傳遞熱量應該也比較多，所以跟面積也是成正比。

熱量少　鐵板小

熱量多　鐵板大

刷—搓—洗

傳導熱量 ∝ 斷面積 (S)

跟溫度差合在一起就變成這個算式了。

$$傳遞熱量 = \text{\char"2B1A} \times (\theta_1 - \theta_2) \times S$$

那個

啊——等一下，

果然跟時間也有關係。

熱量少　10分

熱量多　20分

比起10分鐘可以傳遞的熱量，20分鐘可以傳遞的熱量就多2倍，所以說也跟時間成正比，對不對？

傳遞熱量 ∝ 時間 (t)

再加上剛才說的溫度差和面積，就變成這樣囉。

傳遞熱量＝×$(\theta_1-\theta_2)$×S×t

…時間

…面積

…溫度差

…比例常數

這裡的比例常數通常是以α表示的唷，稱作熱傳遞係數。

啊，是喔。

α值大的時候，表示傳遞的熱量也較多唷。

傳遞熱量＝α×$(\theta_1-\theta_2)$×S×t

…熱傳遞係數

這樣傳遞熱量的算式就完成了！

鐵板也洗好了耶……

喂！阿晃。

不知道 α 跟 λ 的單位是什麼耶！（裝傻……）

熱量以Q表示的話，就變成這樣。

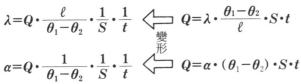

$$\lambda = Q \cdot \frac{\ell}{\theta_1 - \theta_2} \cdot \frac{1}{S} \cdot \frac{1}{t} \quad \Leftarrow \quad Q = \lambda \cdot \frac{\theta_1 - \theta_2}{\ell} \cdot S \cdot t$$

變形

$$\alpha = Q \cdot \frac{1}{\theta_1 - \theta_2} \cdot \frac{1}{S} \cdot \frac{1}{t} \quad \Leftarrow \quad Q = \alpha \cdot (\theta_1 - \theta_2) \cdot S \cdot t$$

各自的單位是什麼來著？

熱量（Q）是J，長度（ℓ）是m，面積（S）是m²，溫度（θ）是K，至於時間（t）是s啦。

所以，只要把這些代入算式中就可以囉。

J……熱量、能量
K……絕對溫度
s……秒

阿築的要點提示 絕對溫度的單位K（Kelvin），為西元1848年英國人凱文提出新的溫度尺標，並以其名字縮寫命名。

$$a = Q \cdot \frac{1}{\theta_1 - \theta_2} \cdot \frac{1}{S} \cdot \frac{1}{t} \qquad \lambda = Q \cdot \frac{\ell}{\theta_1 - \theta_2} \cdot \frac{1}{S} \cdot \frac{1}{t}$$

$$= J \cdot \frac{1}{K} \cdot \frac{1}{m^2} \cdot \frac{1}{s} \qquad\quad = J \cdot \frac{m}{K} \cdot \frac{1}{m^2} \cdot \frac{1}{s}$$

$$= J / (K \cdot m^2 \cdot s) \qquad\qquad = J / (K \cdot m \cdot s)$$

$$= W / (K \cdot m^2) \qquad\qquad\ = W / (K \cdot m)$$

利用 J、K、s……
（計算中）
嗒啦嗒啦

K（Kelvin）：絕對溫度的單位
J/s ＝ W（瓦特）

奇怪了，這兩個算式的 m 跟 m²，差別在哪裡？

$W / (K \cdot \boxed{m})$ ← 熱傳導係數單位

$W / (K \cdot \boxed{m^2})$ ← 熱傳遞係數單位

阿築的要點提示 熟記熱傳導係數的單位為 W／（K・m），接下來熱傳遞係數也就不難記囉！

哇

這是因為熱傳導取決於 S 跟 ℓ，熱傳遞只有 S 的緣故。

嘖嘖

熱傳導

S →　→　→　→ Q

ℓ

熱傳導

S → Q

熱傳遞是物體跟空氣之間的熱量傳送。

傳遞熱量與溫度差成正比

$$傳遞熱量 = \text{} \times (\theta_1 - \theta_2)$$

傳遞熱量與表面積（S）成正比

$$傳遞熱量 = \text{} \times (\theta_1 - \theta_2) \times S$$

傳遞熱量與時間（t）成正比

$$傳遞熱量 = \text{} \times (\theta_1 - \theta_2) \times S \times t$$

比例常數 α 為熱傳遞係數

$$傳遞熱量 = \alpha \times (\theta_1 - \theta_2) \times S \times t$$

熱量單位為 J，溫度單位為 K，時間單位為 s。

第8章 熱傳透

川流不息的溪流。
如同對命運無謂的抵抗!?

傳導跟傳遞,

λ跟α同樣為比例常數,但單位有些微的不同,

啊哈!這下我都懂了。

還有傳透唷。

我想我鐵定會合格了,

$$Q=\lambda\frac{\theta_1-\theta_2}{\ell}St$$

與

$$Q=\alpha(\theta_1-\theta_2)St$$

阿晃好有自信唷。

哈哈哈哈

完全沒在聽

自我陶醉

……

123

124

阿築的要點提示 物質對電流的阻力稱為電阻（resistance），英文簡寫為R，單位是歐姆，以 Ω 表示。

分母是阻力，所以，如果石頭多，就代表流動困難囉。

流水聲真有療癒的效果

真的

呆——

總覺得今天的流水看來特別不一樣呢⋯⋯

沙

嗚。

那傳遞的阻力是什麼呢？

熱傳導具有阻力，常稱為熱阻。

$$Q = \frac{\theta_1 - \theta_2}{\frac{\ell}{\lambda}} St$$

把它記作阻礙流動的石頭就好啦。

$$Q = \alpha(\theta_1 - \theta_2) St$$

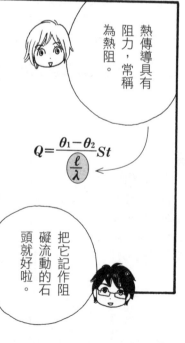

128

30°C

牆壁

28°C

我要公布答案囉。

在靠近牆壁的地方,溫度會突然下降。

這表示在牆壁邊緣的空氣溫度會改變啊。

牆壁

20°C

18°C

相反的,在熱流出來的地方,會是這樣子,

在牆壁邊緣呈現陡坡。

一樣……

嗯?

30°C

牆壁

28°C

20°C

18°C

你看,將所有變化合在一起。

傳送的熱量無論在哪裡,都與溫度差成正比,與熱阻成反比唷。

當熱傳透這個混凝土塊時，

傳遞→傳導→傳遞，各個熱阻就動了起來，

因為單位相同，所以可以直接相加計算總熱阻。

傳遞　傳導　傳遞

R_1　R_2　R_3

總熱阻可由個別熱阻相加而得到。

全體的 $R = R_1 + R_2 + R_3$
：　　　：　　　：　　　：
傳透熱阻　傳遞熱阻　傳導熱阻　傳遞熱阻
（總熱阻）

而要算串聯的總熱阻，只要將個別相加就可以得到了。

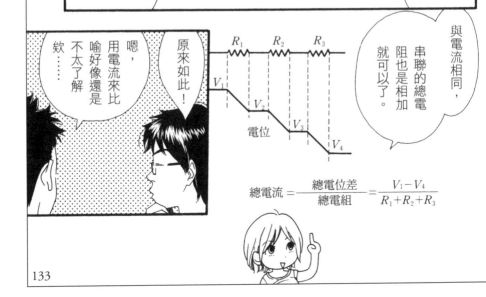

與電流相同，串聯的總電阻也是相加就可以了。

原來如此！

嗯，用電流來比喻好像還是不太了解欸……

R_1　R_2　R_3

V_1

V_2

V_3

電位

V_4

$$總電流 = \frac{總電位差}{總電組} = \frac{V_1 - V_4}{R_1 + R_2 + R_3}$$

那就用兩塊不同厚度的混凝土塊來說明吧,

想像一下將這兩塊組合成一個壁面的情況。

噴!混凝土塊的傳遞熱阻應該是不一樣,

但不管怎樣,總熱阻都可以相加計算而得,

$$R = R_1 + R_2 + R_3 + R_4$$

$R_1 \quad R_2 \qquad R_3 \qquad R_4$

所以傳透的熱量是以兩側空氣的溫度差還有熱阻來決定的,對吧!

沒錯,就是這樣。

$\theta_1 \qquad\qquad \theta_2$

傳透熱量 $= \dfrac{溫度差}{熱阻} \times 面積 \times 時間$

$= \dfrac{\theta_1 - \theta_2}{R_1 + R_2 + R_3 + R_4} St$

傳透熱量計算式的證明

考量右圖的情況，首先列
出個別算式。

1秒的熱量為Q

$$\begin{cases} Q = \alpha_1(\theta_1 - \theta_2)S & \cdots\cdots① \ 傳遞 \\ Q = \lambda_1 \dfrac{\theta_2 - \theta_3}{\ell_1} S & \cdots\cdots② \ 傳導 \\ Q = \lambda_2 \dfrac{\theta_3 - \theta_4}{\ell_2} S & \cdots\cdots③ \ 傳導 \\ Q = \alpha_2(\theta_4 - \theta_5)S & \cdots\cdots④ \ 傳遞 \end{cases}$$

將式子①～④變成只剩θ_1跟θ_2的式子

從①可知 $\theta_2 = \theta_1 - \dfrac{Q}{S} \cdot \dfrac{1}{\alpha_1}$ $\cdots\cdots①'$

將①′代入②

$$\theta_3 = \theta_1 - \frac{Q}{S}\left(\frac{1}{\alpha_1} + \frac{\ell_1}{\lambda_1}\right) \cdots\cdots②'$$

將②′代入③

$$\theta_4 = \theta_1 - \frac{Q}{S}\left(\frac{1}{\alpha_1} + \frac{\ell_1}{\lambda_1} + \frac{\ell_2}{\lambda_2}\right) \cdots\cdots③'$$

將③′代入④

$$\theta_5 = \theta_1 - \frac{Q}{S}\left(\frac{1}{\alpha_1} + \frac{\ell_1}{\lambda_1} + \frac{\ell_2}{\lambda_2} + \frac{1}{\alpha_2}\right) \cdots\cdots④'$$

再將④′轉換成Q的式子

$$Q = \frac{\theta_1 - \theta_5}{\underbrace{\dfrac{1}{\alpha_1} + \dfrac{\ell_1}{\lambda_1} + \dfrac{\ell_2}{\lambda_2} + \dfrac{1}{\alpha_2}}} S$$

 …… 這就是合成後的熱阻

根據這個算式，只要先將熱阻加總算出，
再將整體的溫度差除以熱阻，
就可以得到通過的熱量。

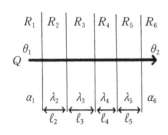

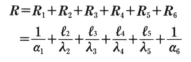

什麼嘛—
真簡單，

所以不管牆壁用
了多少種材料組
成，只要將整體
熱阻相加後，

$$R = R_1 + R_2 + R_3 + R_4 + R_5 + R_6$$
$$= \frac{1}{\alpha_1} + \frac{\ell_2}{\lambda_2} + \frac{\ell_3}{\lambda_3} + \frac{\ell_4}{\lambda_4} + \frac{\ell_5}{\lambda_5} + \frac{1}{\alpha_6}$$

※台灣常用的熱傳透率U，簡稱U值；U＝1/R，單位為W/（K•m²）。

再將溫度差
除以熱阻就
可以囉。

$$Q = \frac{\theta_1 - \theta_2}{R} St$$
$$= \frac{\theta_1 - \theta_2}{\frac{1}{\alpha_1} + \frac{\ell_2}{\lambda_2} + \frac{\ell_3}{\lambda_3} + \frac{\ell_4}{\lambda_4} + \frac{\ell_5}{\lambda_5} + \frac{1}{\alpha_6}} St$$

只要知道了熱阻
的倒數，計算也
變得簡單多了！

所以只要把
所有熱組相
加就好啦！

我真聰明！

阿哈哈

一切都是從
河流開始，

流動量 ＝ 落差／阻力

落差

阻力

跟電流
一樣。

別忘啦，如果是傳導的話，倒數之後還得乘上厚度（ℓ）才行，

物體越厚，熱就越不容易傳導，懂嗎？

我知道，是 $\frac{\ell}{\lambda}$ 嘛。

$R = \dfrac{\ell}{\lambda}$ ⋯ 厚度

⋯ 傳導係數

ℓ大 → R大 → 熱較難通過

厚度越厚，熱越不容易傳導，也表示熱阻越大，對吧？

阿晃好像突然間變聰明了耶！

哈——沒有啦，不過妳別說出去，我的頭腦還真的滿不錯的呢。

什麼跟什麼！

啊哈哈哈哈

還是笨蛋一個嘛。

唉⋯⋯

啊哈哈哈哈

傳透代表熱穿過牆壁的流動

傳透是傳遞＋傳導＋傳遞

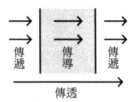

傳透熱量與溫度差成正比，與熱阻 R 成反比

$$傳透熱量 = \frac{\theta_1 - \theta_2}{R} \times$$

傳透熱量與面積（S）、時間（t）皆成正比

$$傳透熱量 = \frac{\theta_1 - \theta_2}{R} \times S \times t$$

總熱阻為各個熱阻相加

$$R = R_1 + R_2 + R_3 + \cdots$$
$$= \frac{1}{\alpha_1} + \left(\frac{\ell_1}{\lambda_1} + \frac{\ell_2}{\lambda_2} + \cdots \right) + \frac{1}{\alpha_2}$$

是燈泡啊。

第9章 光通量・照度・發光強度・輝度
絕妙耀眼？
心跳不已的……！？

這樣子就亮多了。

對啊。

順便告訴你，光在單位時間通過的能量稱為光通量，又稱為光束，

※拉麵、流明。

※單位是流明（lm）。

流明、拉麵。

※Luminous，流明。
※流明的日文發音與拉麵相似。

對了，大家一起吃拉麵吧。

好耶☆

咻

看起來好好吃喔，

雖然只是速食拉麵。

只有蔥……

光通量……流明……從拉麵的分量到光通量的流明。

？

啊哈哈哈哈哈。

140

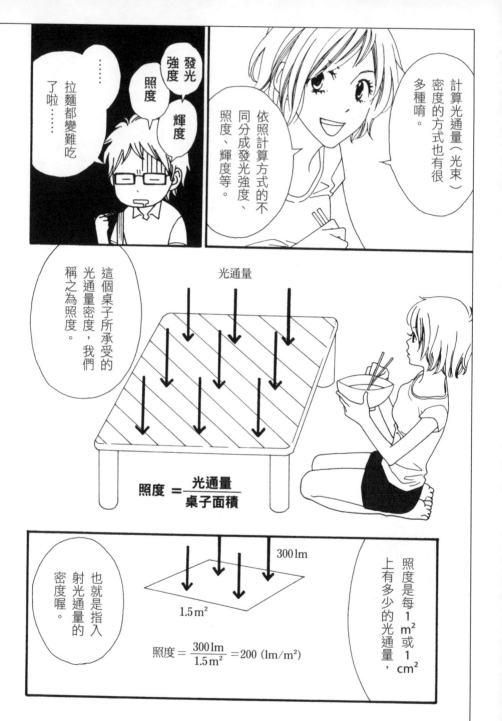

計算光通量（光束）密度的方式也有很多種唷。

依照計算方式的不同分成發光強度、照度、輝度等。

發光強度

照度

輝度

……拉麵都變難吃了啦……

這個桌子所承受的光通量密度，我們稱之為照度。

光通量

$$照度 = \frac{光通量}{桌子面積}$$

照度是每 1 m² 或 1 cm²，上有多少的光通量。

也就是指入射光通量的密度喔。

300 lm

1.5 m²

$$照度 = \frac{300\,lm}{1.5\,m^2} = 200\ (lm/m^2)$$

142

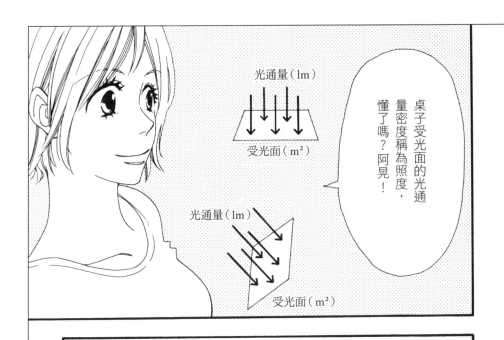

光通量（lm）

受光面（m²）

光通量（lm）

受光面（m²）

桌子受光面的光通量密度稱為照度，懂了嗎？阿晃！

照度＝受光面的光通量密度

$$= \frac{光通量}{面積}$$

$$= \frac{lm}{m^2} \quad 光通量單位$$

$$= lx \quad 照度單位$$

將 lm 除以 m²，就可以得到照度單位勒克斯（lx＝lm/m²）。

受光面的光通量密度，就是照度唷，要記得啊！

像我這樣的陽光男孩，照度一定也非常強囉，真害羞啊！

啊哈哈哈哈哈

啊哈哈哈

喔喔，差點忘了。

照度是指接受光照射的那一方啦，笨蛋！

那這個燈泡是多少lx呢？

哈！光源的光通量密度叫作發光強度喔。

發光強度：光源

照　度：受光體

那

發光的光源又是什麼呢？

……嗯

什麼的面積？

那把發出來的光除以面積就好啦！

光是以球狀向四處發散的，

那就在所有方向中取1°的圓錐，計算其中所含的光通量就好了。

不論從哪裡計算都是1°

啊—可惜。

啊，又錯了嗎？

假設為球狀是對的，

但若設定為全方向的1°的話，在定義上來說太麻煩了，所以一般都會使用立體角。

r (m)

S (m²)

立體角 $= \dfrac{S}{r^2}$

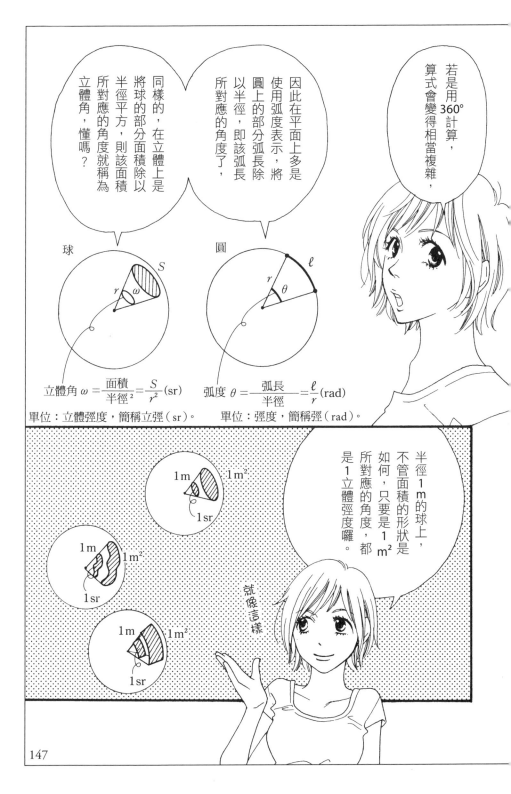

若是用360°計算，算式會變得相當複雜，

因此在平面上多是使用弧度表示，將圓上的部分弧長除以半徑，即該弧長所對應的角度了，

同樣的，在立體上是將球的部分面積除以半徑平方，則該面積所對應的角度就稱為立體角，懂嗎？

球

S

r ω

圓

ℓ

r θ

立體角 $\omega = \dfrac{\text{面積}}{\text{半徑}^2} = \dfrac{S}{r^2}$ (sr)

單位：立體弳度，簡稱立弳（sr）。

弧度 $\theta = \dfrac{\text{弧長}}{\text{半徑}} = \dfrac{\ell}{r}$ (rad)

單位：弳度，簡稱弳（rad）。

半徑 1 m 的球上，不管面積的形狀是如何，只要是 1 m² 所對應的角度，都是 1 立體弳度囉。

就像這樣

1m

1m²

1sr

1m

1m²

1sr

1m

1m²

1sr

發光強度＝單位立體角所通過的光通量

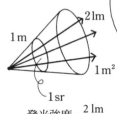

在1立徑的立體角所通過的光通量，就稱為發光強度。

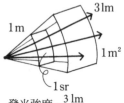

發光強度＝$\dfrac{3\ \text{lm}}{1\text{sr}}$

發光強度＝$\dfrac{2\ \text{lm}}{1\text{sr}}$

所以說啊，照度是單位面積通過的光通量，

而發光強度呢，是單位立體角所通過的光通量。

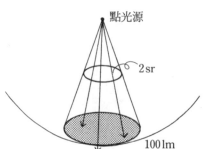

發光強度＝$\dfrac{\text{光通量}}{\text{立體角}}=\dfrac{100\,\text{lm}}{2\,\text{sr}}=50\ (\text{lm/sr})$

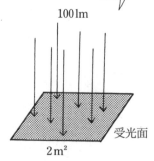

照度＝$\dfrac{\text{光通量}}{\text{面積}}=\dfrac{100\,\text{lm}}{2\text{m}^2}=50\ (\text{lm/m}^2)$

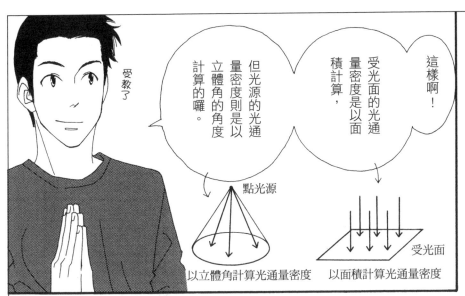

這樣啊！

受光面的光通量密度是以面積計算，

但光源的光通量密度則是以立體角的角度計算的囉。

受教了

點光源

以立體角計算光通量密度

受光面

以面積計算光通量密度

哇！涼一也可以取得資格了吧？

取得資格……

哼。

笨蛋情侶

燭光。

照度單位

$$\frac{1\,\mathrm{m}}{\mathrm{m}^2} = \mathrm{lx}$$

發光強度單位

$$\frac{1\,\mathrm{m}}{\mathrm{sr}} = \mathrm{cd}$$

$\dfrac{1\,\mathrm{m}}{\mathrm{m}^2}$ 是勒克斯（lx），$\dfrac{1\,\mathrm{m}}{\mathrm{sr}}$ 則是燭光（cd）。

蠟燭叫作candle,對吧?

所以燭光(cd)是從這邊來的吧?

哈!不是吧。

果然是外行人

大蠟燭的發光強度約為1 cd,

因為蠟燭也是點光源。

沒錯,就是這樣。

蝦密?

該不會被那傢伙猜中了吧!

阿築的要點提示

燭光為計量發光強度的單位,英語稱蠟燭為candle,取其簡寫為cd。

比如說如果有燈罩的話，光就只有往下照射了。

雖然都是點光源，但不是所有的光都是均等射出的唷。

?

上方的發光強度為零，下方的發光強度大。

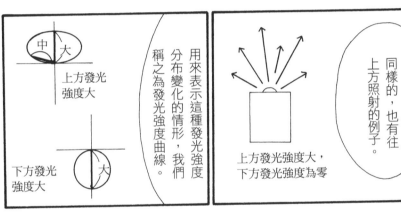

同樣的，也有往上方照射的例子。

上方發光強度大，下方發光強度為零

用來表示這種發光強度分布變化的情形，我們稱之為發光強度曲線。

中 大

上方發光強度大

下方發光強度大 大

燈泡發射出來的光是以發光強度計算，桌子所接受的光是以照度計算，這樣知道了嗎？阿晃。

不是還有一個嗎？

嗯

發光強度

照度

153

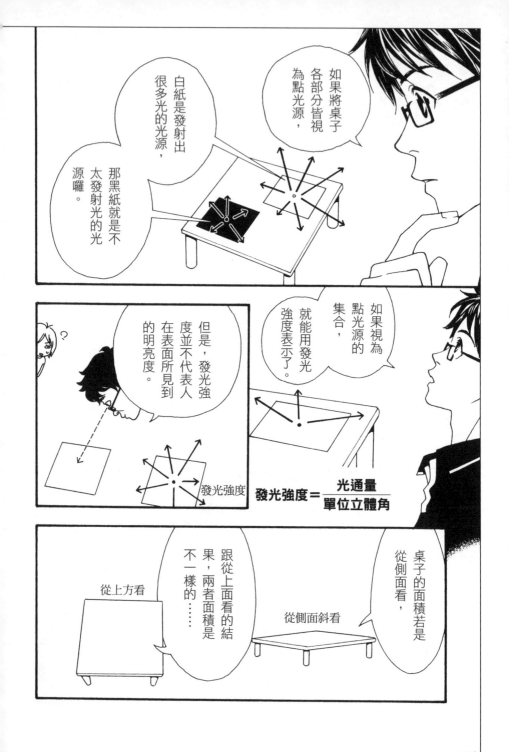

$$發光強度 = \frac{光通量}{單位立體角}$$

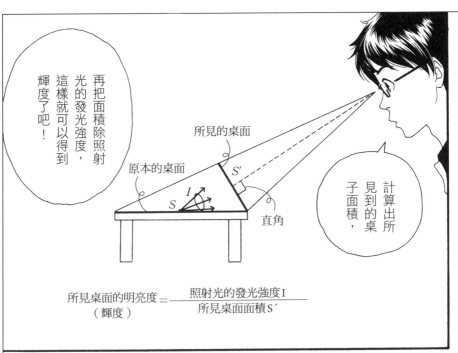

再把面積除照射光的發光強度，這樣就可以得到輝度了吧！

所見的桌面

原本的桌面

S'

I

S

直角

計算出所見到的桌子面積，

$$\text{所見桌面的明亮度（輝度）} = \frac{\text{照射光的發光強度}I}{\text{所見桌面面積}S'}$$

那，單位呢？

哈，我跟門外漢還是不一樣的。

你還滿厲害的嘛，阿晃，就是這樣子。

發光強度單位是cd，將發光強度除以面積就是 $\dfrac{cd}{m^2}$ 了。

$$\text{輝度} = \frac{\text{發光強度}}{\text{面積}} = \frac{cd}{m^2} = \frac{lm}{m^2 \cdot sr}$$

正解！

我們所見的照射面或光源的明亮程度，就是用輝度表示的。

大多以所見面積的單位面積有多少發光強度來表示。

輝度的符號是L。

$$輝度 L = \frac{發光強度 I}{所見面積 S'} \quad \left(\frac{cd}{m^2}\right)$$

所以說，我們可以把它想成許多蠟燭組成的面囉。

還有啊，螢幕的明亮度也是以輝度表示的唷。

點光源的集合

光通量（光束）、照度、發光強度、輝度，這四個是光的基本單位，要好好記住唷。

光通量	光的能量（lm）
照度	受光面的受光量 $\dfrac{\text{lm}}{\text{面積}}\left(\dfrac{\text{lm}}{\text{m}^2}=\text{lx}\right)$
發光強度	點光源的明亮度 $\dfrac{\text{光通量}}{\text{立體角}}\left(\dfrac{\text{lm}}{\text{sr}}=\text{cd}\right)$
輝度	面光源的明亮度 $\dfrac{\text{發光強度}}{\text{面積}}\left(\dfrac{\text{cd}}{\text{m}^2}\right)$

是……

我果然還是很厲害吶！

看來我離合格的光明路越來越近了。

呼 呼

我看應該只有 10 lx 的照度吧。

怎麼可能只有這樣!!

光通量，又稱光束，表示光的能量

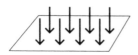 光通量（lm）

照度，表示受光面的受光密度

 $\dfrac{\text{光通量}}{\text{面積}}$ (lm/m² = lx)

發光強度，表示點光源的明亮度

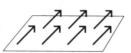 $\dfrac{\text{光通量}}{\text{立體角}}$ (lm/sr = cd)

輝度，表示面光源的明亮度

$\dfrac{\text{發光強度}}{\text{面積}}$ (cd/m²)

立體角為球的表面積除以半徑平方

 立體角 $= \dfrac{S}{r^2}$（sr）

照度：
每1m²有多少
lm？

桌子的照度為每
1 m²的光通量，
也就是光通量密
度……

嗯，我知道
的就是這麼
多了。

哎呀！照度跟發
光強度到底是怎
樣的關係啊？

發光強度是光通量
的立體角密度，

照度是光
通量的面
積密度，

是以同樣的
光通量連結在
一起，對吧？

點光源

受光面

$$照度 = \frac{光通量}{面積}$$

$$發光強度 = \frac{光通量}{立體角}$$

所以只要考
慮光通量就
可以了嗎？

光通量是從中
心往四周發散……

也就是說，
光通量是以
球形發散。

球形

160

$$立體角 = \frac{S}{r^2}$$

球的表面積為 $4\pi r^2$……

球的立體角為表面積除以半徑平方 $\dfrac{4\pi r^2}{r^2}$，所以是4π，

球的立體角就是4π。

$$球體的立體角 = \frac{4\pi r^2}{r^2}$$

$$= 4\pi \, (\text{s r})$$

$$表面積 = 4\pi r^2$$

從發光強度 I 的燈泡所發出的光通量，全部是多少流明呢？

哈！妳問我也沒用啊。

真偽醫師

你給我仔細思考。

是。

好可怕，這是我從小認識到大的人嗎？

顫抖不已

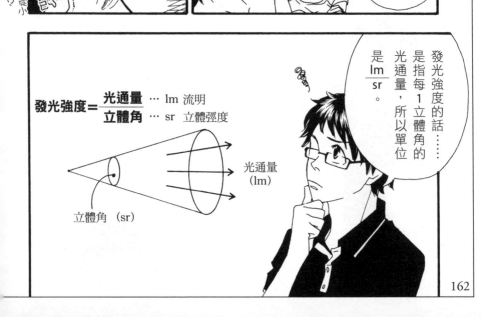

發光強度的話……是指每1立體角的光通量，所以單位是 $\dfrac{\text{lm}}{\text{sr}}$。

$$發光強度 = \frac{光通量}{立體角}$$

… lm 流明
… sr 立體強度

光通量（lm）

立體角（sr）

162

發光強度是 I 的話，表示每 1 立體角有 I lm 的光通量發射出來，對吧？

沒錯！

我、我也是這麼想的。

只要乘上球的立體角，就可以得到全體的光通量了呀。

嗯——啊——
當然是這樣啊！
涼一！

糟糕⋯⋯
球體的立體角是 4π ⋯⋯

所以全體的光通量就是 4π × I (lm) 囉。

超・簡・單♡

I (lm)

啊哈哈

每 1 (sr) 有 I (lm)

↓

每 4π (sr) 為 4π × I (lm)

$4\pi \times I$ (lm)

這樣的話,距離為 r 的照度也可以算出來了呢。

吧啊,不會

發光強度 I 的燈泡所發出的總光通量就是這麼多。

$4\pi I$ (lm)

只要除以半徑為 r 的球表面積,不就可以得到了嗎?

哇!友子……

照度是單位面積的光通量,

若這張桌子面積為 1 m²,會有多少 lm 的光通量啊?

將球體的光通量除以球表面積的話,

不就是球的單位面積所發出的光通量了嗎?

$$\text{球單位面積發出的光通量} = \frac{\text{球的光通量}}{\text{球的表面積}}$$

光通量

單位面積

164

但球是圓的，桌子是平的啊。

球跟桌子之間只有點的接觸，不是嗎？

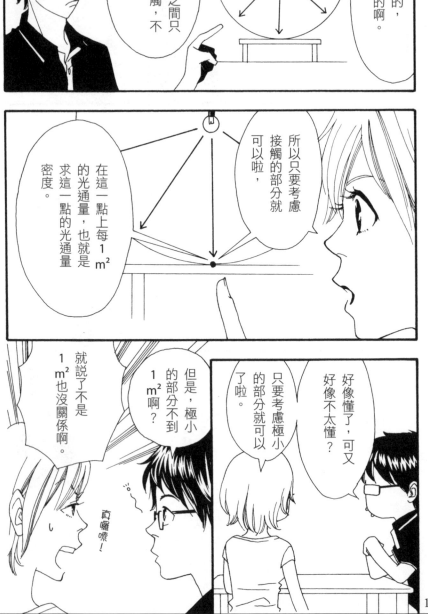

所以只要考慮接觸的部分就可以啦。

在這一點上每1 m²的光通量，也就是求這一點的光通量密度。

好像懂了，可又好像不太懂？

只要考慮極小的部分就可以了啦。

但是，極小的部分不到1 m²啊？

就說了不是1 m²也沒關係啊。

真囉嗦！

cos～～！！

如果角度是 θ 的話，垂直部分只要乘上 cosθ 就可以得到囉！

所以垂直方向的光通量密度（照度）就是 $\frac{I}{r^2}\cos\theta$。

$\frac{I}{r^2}$

$\frac{I}{r^2}\cos\theta$

θ

$\frac{I}{r^2}\sin\theta$

鬼叫什麼啊你！

cos 只是單純的比值而已啊。

只、只是單純的比值嗎？

聽到名稱就自然浮現厭惡感……

你看！

嚇也太驚恐了吧

$\cos\theta$

a

θ

b

$\cos\theta=\dfrac{b}{a}$

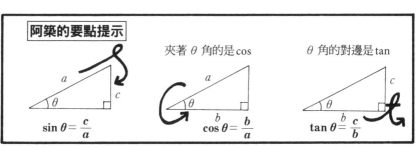

阿築的要點提示

夾著 θ 角的是 cos

θ 角的對邊是 tan

a

θ

c

$\sin\theta=\dfrac{c}{a}$

a

θ

b

$\cos\theta=\dfrac{b}{a}$

c

θ

b

$\tan\theta=\dfrac{c}{b}$

其實啊，也可以用單位來幫助記憶喔！

啥？

發光強度雖然是單位立體角的光通量，

而立體角是表面積除以半徑平方，

但是面積單位是 m²，等於距離平方，所以除以 r² 的話，距離的單位就沒有啦。

$$立體角 = \frac{S}{r^2}$$

因此，立體角就變成沒有單位的比值，

$$cd = \frac{lm}{sr}$$

發光強度的單位（$\frac{lm}{sr}$）就變得跟光通量單位（lm）一樣了呀。

原來如此，sr 是面積除以面積的比值，所以發光強度實質的單位就跟光通量單位一樣囉。

那，這又代表什麼呢？

連這都不知道！

發光強度 I 的單位除去 sr 之後，就剩下 lm，表示 $\dfrac{I}{r^2}$ 是 $\dfrac{lm}{m^2}$，也就是照度的單位呀。

瞪

也就是說，是 lm 除以 m^2，光通量除以面積的結果。

沒錯，沒錯。

在講啥？

所以發光強度除以面積就是照度了。

啊，對吼！

發光強度單位實質上是光通量

$\dfrac{I}{r^2}$ … 距離平方，所以是面積

↓

$\dfrac{光通量}{面積}$ ……與照度單位相同

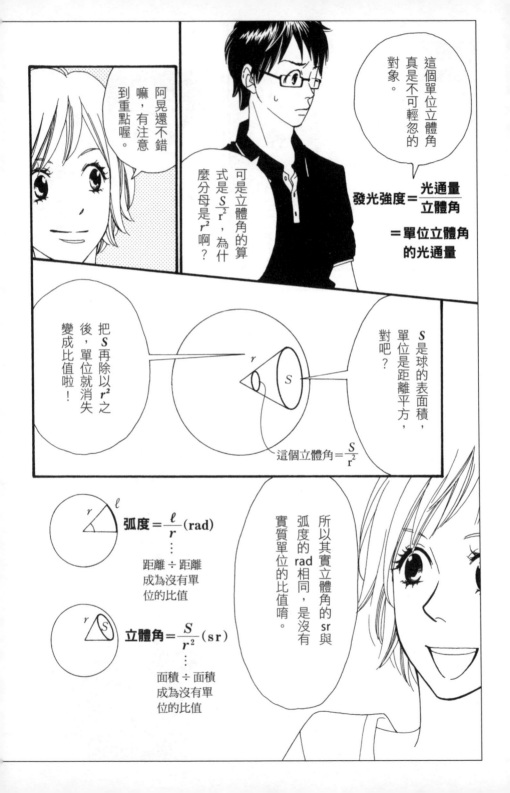

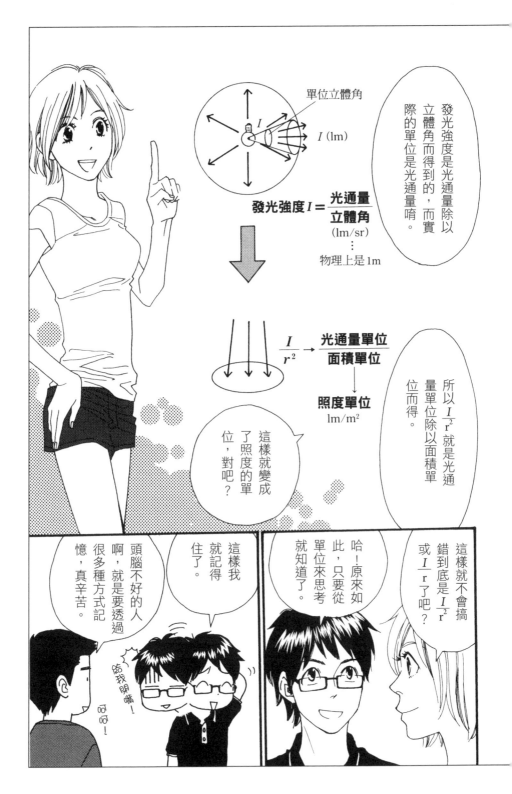

球體的立體角為 4π (sr)

$$\frac{表面積}{半徑^2} = \frac{4\pi \not{r}^2}{\not{r}^2} = 4\pi \text{ (sr)}$$

立弳

點光源 I (lm/sr)的全體光通量為 $4\pi I$ (lm)

$$I\text{ (lm/sr)} \times 4\pi \text{ (sr)} = 4\pi I \text{ (lm)}$$

球表面單位面積的光通量為 $\dfrac{I}{r^2}$ (lm/m^2)

$$\frac{全體光通量}{球的表面積} = \frac{\not{4}\pi I}{\not{4}\pi r^2} = \frac{I}{r^2} \text{ (lm/m}^2)$$

距離點光源 r 的照度為 $\dfrac{I}{r^2}$ (lm/m^2)

若夾角為 θ 時，則是 $\dfrac{I}{r^2} \cos\theta$ (lm/m^2)

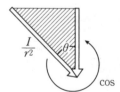

$\dfrac{I}{r^2}$ θ cos

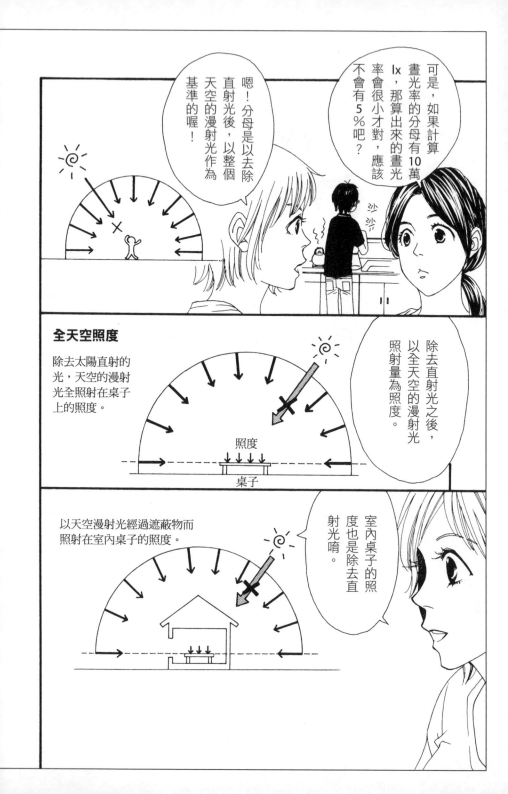

可是，如果計算晝光率的分母有10萬lx，那算出來的晝光率會很小才對，應該不會有5％吧？

嗯！分母是以去除直射光後，以整個天空的漫射光作為基準的喔！

全天空照度

除去太陽直射的光，天空的漫射光全照射在桌子上的照度。

照度

桌子

除去直射光之後，以全天空的漫射光照射量為照度。

以天空漫射光經過遮蔽物而照射在室內桌子的照度。

室內桌子的照度也是除去直射光唷。

有遮蔽物時，
桌子的照度。

$$\text{畫光率 D} = \frac{\text{室內某點的照度 } E}{\text{全天空照度 } Es}$$

沒有遮蔽物時，
桌子的照度。

所以這就是畫光率的公式，

白天的光會有多少百分比來到桌子，

這個比率就是畫光率，懂了嗎？

$$\frac{\text{桌子的光}}{\text{白天的光}}$$

是！是！真是淺顯易懂的說明呢！

不用把桌子運到屋頂上啦，只要在屋頂上將照度計向上測定就可以了啦！

這樣說也是啦。

所以說，只要把照度計放在桌子上，然後再搬到屋頂上測量，就可以計算出畫光率囉。

屋頂 →

室內 →

畫光率可以測量出來，不過還在設計中的建築物就無法得知了吧？

說的也是。

是用室內桌子跟室外明亮度的比值，對吧？是不是利用窗戶的面積？

嘿！其實從圖面上就可以計算唷，你想想看應該要怎麼做呢？

窗戶面積

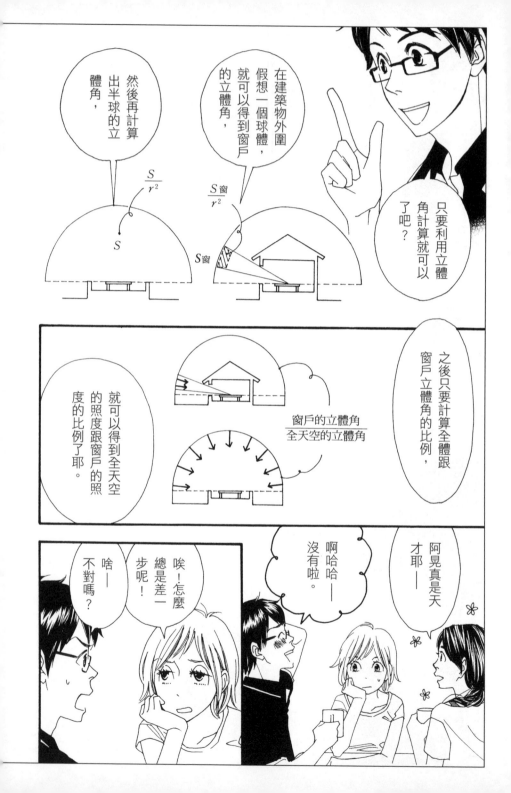

照度是以垂直
方向計算

桌子的照度是
根據垂直方向
計算的，

而不是光線進
來的方向。

橫向進來的光線，
只有垂直方向有效
果而已唷。

橫向光線

橫向光線的
垂直部分

唉，我
放……

條件是你喬治
好笨蛋病

……放棄才
有鬼。

出現

不是立體角……
水平面的光……

嗯
！

頓

硬拗

所以說畫光率的公式會變成這樣。

$$畫光率 = \frac{洞在水平面的投影面積}{球體在水平面的投影面積}$$

就是這樣！這個比值就是立體角投射率。

立體角投射率……

原來如此，就是立體角投射率嘛。

你是應聲蟲嗎？

立體角投射 $= \dfrac{S'}{r^2}$

對水平面的影響是投影面積 S' 除以 r^2。

立體角是從中心往洞的方向看過去的角度，

立體角 $= \dfrac{S}{r^2}$

立體角是洞的面積 S 除以 r^2，

所以比較半球的立體角投射跟洞的立體角投射，兩者相比就可以得到立體角投射率了！

立體角投射率 $= \dfrac{\dfrac{洞的 S'}{r^2}}{\dfrac{半球的 S'}{r^2}} = \dfrac{洞的 S'}{半球的 S'} = \dfrac{洞的 S'}{\pi r^2}$

半球的 $S' = $ 圓面積 $= \pi r^2$

$\dfrac{S'}{\pi r^2}$ 就是立體角投射率。

你終於想通了啊！

「終於」是多餘的吧。

畫光率＝立體角投射率＝$\dfrac{S'}{\pi r^2}$

πr^2

這個立體角投射率就是畫光率唷！

因為是水平面照度，所以是投影面積。

我果然是天才耶！

阿晃果然是笨蛋！

我非常同意妳的說法。

為了簡化計算，一般都是考慮半徑為 1 m 的圓。

$r = 1\,\mathrm{m}$

半徑為 1 的話，算式就變成 $\dfrac{S'}{\pi}$。

話說回來，要算出 S' 很難吧？

是、是這樣嗎？

因為S'的計算很麻煩，所以我們常會利用圖表來取得晝光率喔！

知道這幾個數值之後，就可以在圖表上讀取了。

真的是方便多了呢。

窗戶的大小

窗戶的高度

到窗戶的距離

計算的位置

阿晃，你知道魚眼鏡頭嗎？

就是360°全方位攝影，對吧？

我對攝影可是有研究的呢。

這種攝影手法跟立體角投影很相近唷。

因為是將整個半球以平面拍攝下來。

$$\frac{桌子的明亮度}{外部的明亮度}，比例通常為固定$$

該比例稱作畫光率

$$畫光率 = \frac{某點的水平面照度}{全天空照度}$$

$$畫光率 = \frac{半球上窗戶的水平面投影面積}{半球體的投影面積}$$

$$= 立體角投射率$$

利用魚眼鏡頭的話

$$畫光率 = \frac{窗戶面積}{全視界} = \frac{}{}$$

1cm大概是這樣。

?

10cm是這樣。

100cm是這樣。

但1000cm的話……就很難用身體表示了。所以？

1cm

0 1 10   10cm   100cm   100

將以10為倍數增加的1cm、10cm、100cm畫成圖表的話，

1000cm就沒辦法畫進去了，對不對？

那畫在10m的紙上不就好了嗎？

像這樣以 10 的次方所畫出的圖表，我們稱為對數軸。

$10^{①} = 10$　　$10^{②} = 100$　　$10^{③} = 1000$　　$10^{④} = 10000$　　**對數軸**

0　　①　　②　　③　　④

2表示100
10000

3表示1000

4表示

所以不管是 1、10、100、1000 或 10000，都可以輕易的表示唷。

當然要！

瞪

好恐怖

打呵欠……

幹麻算到這麼大的數字啊！

我問你，你覺得人類可以聽到最大跟最小的聲音能量差多少？

嗯

是100倍嗎？

哇啊啊啊

是10的12次方啦。

10^{12}

個、十、百……

10的12次方是1兆倍!?

如果把1跟1兆一起畫在圖表上會如何呢？

1mm是1的話，10cm是100……

1兆mm大概是在……？

又來了!!

不只會超過地平線去，都要畫到月球去了啦!!

所以對數軸是很好用的。

受教了——

如果用對數軸的話，以1cm為1格，也只要12cm就夠了！

原來如此，真方便。

$10^1 = 10$

$10^4 = 10000$

$10^{12} = 1兆$

1 2 3 4 5 6 7 8 9 10 11 12

那10的3次方就是用3表示,對吧?

1000在對數軸上是3沒錯。

10的3次方為3,用符號來表示的話……

就是這個!!

log 1000 為3

$$\log 1000 = 3$$

原來log是這個意思啊!!!

大驚

我都不知道啊啊啊啊

話說回來,你怎麼會不知道呢?

大驚小怪什麼啊……

那 log 100 呢？

$$\log 100 = 2$$

對吧。

100 是 10 的 2 次方……

嗯

$$\log 10000 = 4$$

log 10000 呢？

是這樣。

10000 是 10 的 4 次方，所以……

$$\log \square = \bigcirc$$

所以當10的〇次方為□的時候，就可以寫成log□等於〇啦！

阿築的要點提示

$$a^b = c \Leftrightarrow \log_a c = b$$

原來是這樣

為了明顯的表示是以10為基準，

$$\log_{10} \square$$

有時也會在log的下方加註數字10唷。

怎麼越來越難懂……

阿晃，你知道指數嗎？

不怎麼熟耶！

次方的數值就是指數，表示同樣的數字要相乘幾次。

$$10^{③} = 10 \times 10 \times 10$$

所以按5次電鈴就是5次方囉！

好像不太一樣耶……

壓根就不一樣吧。

利用指數的話，再大的數字也可以很容易的表示喔。

$$1000000000000 = 10^{⑫} = 1兆$$

早點用一兆舉例嘛……

就是因為像指頭一樣小的數字，所以叫指數喔。

不是吧。

哈哈哈

好像是喔。

對吧。

蝦密!!

!!

$$10^2 = 100 \iff \log 100 = 2$$
$$10^3 = 1000 \iff \log 1000 = 3$$

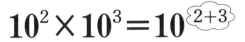

$$10^2 \times 10^3 = 10^{2+3}$$

只要把指數加起來就可以啦。

不用這麼麻煩一個一個列出來啊……

一個是2次方，一個是3次方，全部就是2＋3＝5次方啊。

就說這是不一樣的狀況了啊……

再加上按3次，全部就是5次了!!

哇

電鈴按2次，

同樣的，如果是相除的話，只要把指數相減就可以囉。

$$\frac{10^3}{10^2} = \frac{\overset{3個}{\overline{10 \times 10 \times 10}}}{\underset{2個}{10 \times 10}}$$

$$= 10^{3-2}$$

清脆

也就是約分的意思啊。

210

將1、10、100、1000等數字以10的次方來考慮較為便利

100為10的2次方，可以寫成 log100 = 2

10、100、1000、10000的對數分別是1、2、3、4

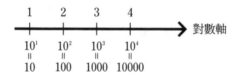

$\log 10=1, \quad \log 100=2, \quad \log 1000=3, \quad \log 10000=4$

$$\log(A \times B) = \log A + \log B$$

$$\log A^a = a \log A$$

$$\log \frac{A}{B} = \log A - \log B$$

第11章 分貝
危險體驗‧原來是戀耳癖！？

Weber・Fechner法則

人類的感覺是與刺激量的對數成正比。

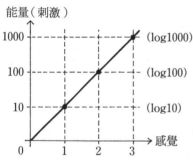

能量（刺激）

1000 (log1000)
100 (log100)
10 (log10)
0　　1　2　3　感覺

※Ernst Heinrich Weber（德生理學者），將物理刺激引發之生理感覺加以量化，同時期Gustav Theodor Fechner（德物理學家兼哲學家）以Weber之研究為基礎進行的研究，而產生此法則。

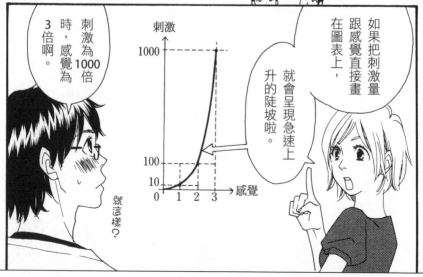

214

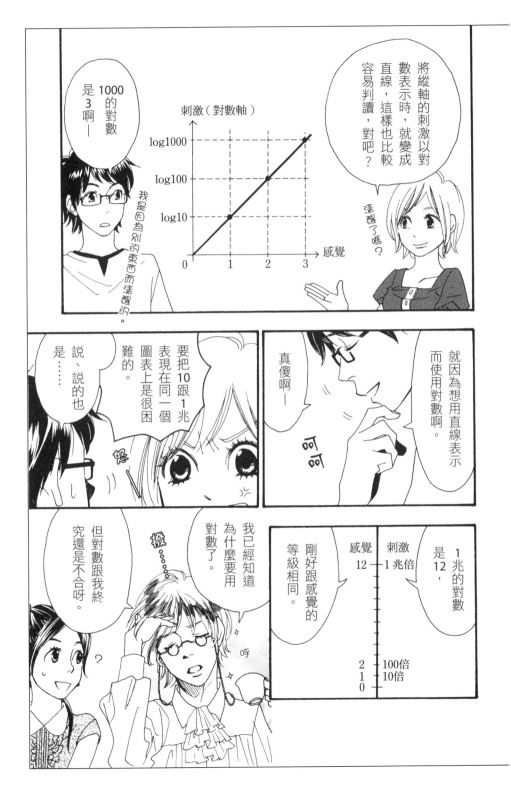

聲音的強度

$$10\log_{10}\frac{I}{I_0}$$

所以就是先計算為最小強度 I_0 的幾倍，取其對數後再乘上10倍。

I_0……最小強度（能量，W/m²）

I……現在的強度（能量，W/m²）

應聲蟲！

不是一樣嗎……

也就表示為強度的大小。

嗯嗯—

這就是聲音的強度啦！

不是貝爾嗎？難道是因為10倍。

啊—！！

dB

單位是分貝。

阿築的要點提示

1貝爾（Bel）等於10分貝（dB），源自於電話發明人貝爾（Bell）。由於Bel在實際應用上太大，因此加入英文「小數」「十進位」（decimal）的簡寫，成為decibel，其簡寫符號為dB。

鈴—

220

是 10 的次方數就是 10 的 log 值，所以 log10 等於 1。

$10\log10 + 10\log\dfrac{I}{I_0}$
$= 10 + 10\log\dfrac{I}{I_0}$

然後呢？

變成這樣。

這是誘導式詢問啊。

也就是說？

最初的聲音 I 的分貝是 $10\log\dfrac{I}{I_0}$

就是再加上 10 的意思囉。

閇。

所以聲音的強度增加 10 倍的話，分貝就增加 10 啊！

你終於……於……

喔唔

別說！

流暢

聲音強度增加 10 倍的話？

$$10\log\frac{10I}{I_0}$$
$$= 10\log\left(10 \times \frac{I}{I_0}\right)$$
$$= 10\left(\log10 + \log\frac{I}{I_0}\right)$$
$$= 10\log10 + 10\log\frac{I}{I_0}$$
$$= 10 + 10\log\frac{I}{I_0}$$

增加 10 分貝　　原來的分貝

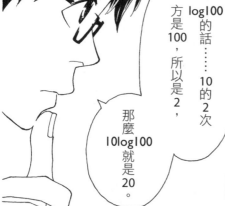

因為100倍取了對數之後就變成2對。

強度是2倍的話會變成怎樣啊？

2倍的話，阿晃可能就不行了吧。

怎麼可能。

不就是變成2I嘛

怒

就是增加10log2的分貝數嘛。

那是多少分貝啊？

你看。

聲音強度增加2倍的話？

$$10\log\frac{2I}{I_0}$$
$$=10\log\left(2\times\frac{I}{I_0}\right)$$
$$=10\left(\log2+\log\frac{I}{I_0}\right)$$
$$=\underbrace{10\log2}_{\text{增加的部分}}+\underbrace{10\log\frac{I}{I_0}}_{\text{原來的分貝}}$$

哈！果然不行。

可是2明明就比10還要小啊。

噗哈……

log2是什麼啊─？

10的幾次方會是2啊？

$\log 2 \fallingdotseq 0.3$

0.3次方就是 $\frac{3}{10}$ 次方，2是10的 $\frac{3}{10}$ 次方，也就是 $\sqrt[10]{10}$ 的3次方。10的10次方根（$\sqrt[10]{10}$）是指某數字自乘以10次後會變成10。為求方便，只要記住 $\log 2 \fallingdotseq 0.3$ 就好了。

阿築的要點提示

$\log 2 = 0.3$

背起來了嗎！？

聲音強度增加2倍的話？

$$10\log\frac{2I}{I_0}$$
$$=10\log\left(2\times\frac{I}{I_0}\right)$$
$$=10\left(\log 2+\log\frac{I}{I_0}\right)$$
$$=10\log 2+10\log\frac{I}{I_0}$$
$$=3+10\log\frac{I}{I_0}$$

增加3分貝 ⟶ ⟵ 原來的分貝數

大約是 0.3 log2 左右。

10的 0.3 次方是什麼啊。

只要記起來就對了啦。

你看。

直接記住比較快……

0.3 次方就是 $\frac{3}{10}$ 次方就是……

知道了，知道了，我已經記住了。

2倍的話是增加3分貝啊。

沒增加多少嘛。

如果增加4倍的話呢？

妳這個人還真是難纏耶！

224

$$10\log\frac{4I}{I_0}$$
$$=10\log\left(4\times\frac{I}{I_0}\right)$$
$$=10\left(\log4+\log\frac{I}{I_0}\right)$$
$$=10\log4+10\log\frac{I}{I_0}$$

我又不知道
是多少……log4

阿晃，2的2
次方是4喔。

就算妳這樣說，
我還是……

$$\log4$$
$$=$$
$$\log2^2$$

這樣對吧？

哈！這樣
就算出來
啦。

$$\log(2\times2)$$
$$=\log2+\log2$$
$$=0.3+0.3$$
$$=0.6$$

所以呢？

2乘以2次
的意思。

你想怎樣？

真是孩子氣……

因為 log4 等於 0.6，

$$10\log 4 + 10\log \frac{I}{I_0}$$
$$= 6 + 10\log \frac{I}{I_0}$$

也就是增加了6分貝。

←僵硬……

好厲害♡

涼一好厲害！

將 $\frac{I}{I_0}$ 的比值取對數之後乘上10倍，只要掌握了對數的計算方式，就很簡單啦。

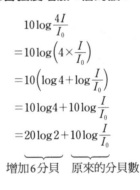

聲音強度增加4倍的話？

$$10\log \frac{4I}{I_0}$$
$$= 10\log\left(4 \times \frac{I}{I_0}\right)$$
$$= 10\left(\log 4 + \log \frac{I}{I_0}\right)$$
$$= 10\log 4 + 10\log \frac{I}{I_0}$$
$$= 20\log 2 + 10\log \frac{I}{I_0}$$

增加6分貝　　原來的分貝數

這不就是你不會的部分嗎!!

這麼說也是啦。

這樣還要去考試嗎？

擔心……

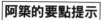

阿築的要點提示

耳朵感覺跟刺激強度的對數成正比

聲音的強度	聲音的強度分級
2倍	＋3 dB
4倍	＋6 dB
1/2倍	－3 dB
1/4倍	－6 dB
10倍	＋10dB
100倍	＋20dB

刺激 ⟶ 感覺
100倍 ⟶ 2倍
1000倍 ⟶ 3倍
10000倍 ⟶ 4倍

人類的感覺跟刺激強度的對數成正比

$$\frac{\text{最大可聽到的聲音}}{\text{最小可聽到的聲音} I_0} = 1 \text{兆倍} \Rightarrow \text{難以表示} \Rightarrow \text{取其對數}$$

$\log \dfrac{I}{I_0}$ …… 現在的強度
…… 最小可聽到的聲音強度

為了減少小數點以下的位數,乘上10倍

聲音的強度 $10\log\dfrac{I}{I_0}$ 分貝 (dB)

第14章 複習
夏日的回憶……。
前往下一個舞台！

嗨！阿築。

我在這邊。

我合格了耶，是二級建築師喔！

都是託妳的福呢！

太棒了！

恭喜你！

奇怪了？

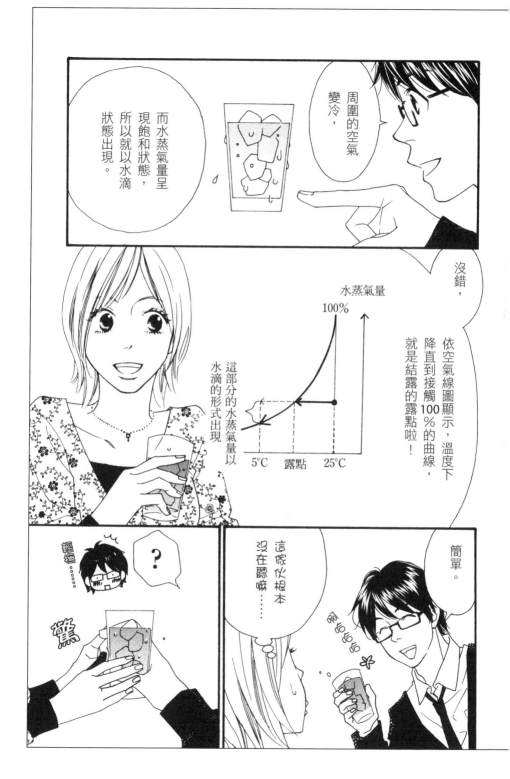

你的烏龍茶借我一下。

再問你。

喂!!

......

哪一杯的溫度會下降得比較快呢?

十個小時後,不論哪一杯的溫度都會變得跟室溫一樣,

但問題是,哪一個比較快?

水量少的比較快吧!

為什麼?

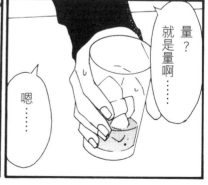

234

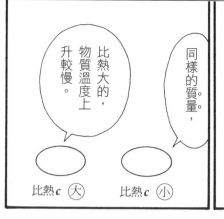

同樣的質量，

比熱大的，物質溫度上升較慢。

比熱 *c* （大）　　比熱 *c* （小）

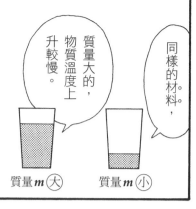

同樣的材料，

質量大的，物質溫度上升較慢。

質量 *m* （大）　　質量 *m* （小）

如果材料跟質量都不同的物質，要如何比較呢？

哈……只要把比熱乘上質量就可以知道啦！

c × *m*
比熱×質量……溫度升降難易度

沒錯，這就是熱容量，用來表示可以容納多少的熱量！

咕嚕

H＝*c*×*m*
（熱容量）＝比熱×質量

再把它乘上溫度變化，就可以得到熱量囉！

喂！再來一杯！

妳不覺得變熱了嗎？

Q＝*c*×*m*×*Δt*
熱量＝比熱×質量×（溫度變化）
　　＝熱容量×溫度變化

讓1g水上升1℃的熱量就是1 cal。

怎麼了……

卡、卡路里。

是啊，是變熱了，那這麼熱的熱量單位是什麼？

除了卡路里還有呢!?

焦、焦耳。

1 cal是多少J!?

我、我記得是4.2 J。

1 cal ＝ 4.2 J

熱跟能量都一樣唷，食物的卡路里也是能量喔。

戳戳

嗚～

是是

你記得滿清楚的嘛。

這傢伙醉了吧……

好貴……

啪

啪

236

好熱!

脫

喂
!!

你幹嘛啦—

不要這樣!!

這裡濕度太高了啦!!

不管是絕對濕度還是相對濕度,

絕對濕度是水蒸氣的kg數,相對濕度是水蒸氣量相對於飽和水蒸氣量的比值。

不管是濕球溫度還是乾球溫度都很高。

哇 啊 哇 啊 哇

知道了乾球跟濕球門的差異,就可以得到濕度了,對吧!

那黑球溫度計呢?

是用來計算輻射熱,對吧?

啊 啊

對不起

對不起

鞠躬

呼~

BAR

open

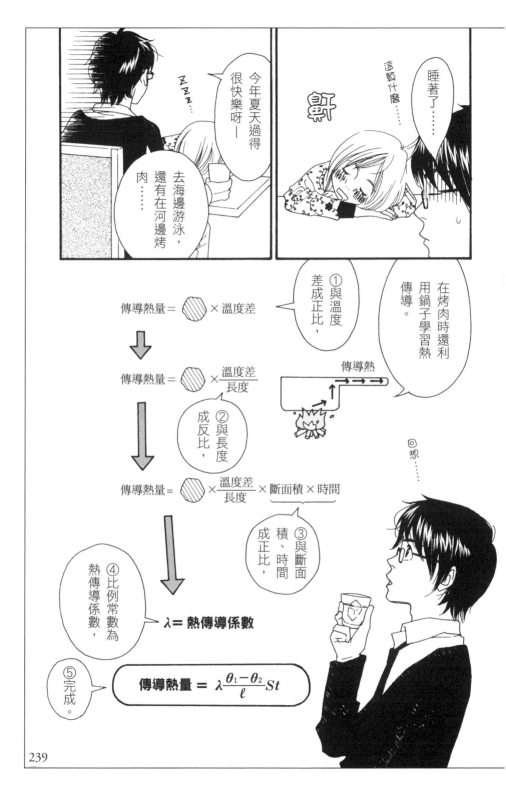

在鐵板冷卻時
教的是⋯⋯

熱傳遞。

⋯⋯

軋軋大作

熱在固體跟氣體之間的移動就叫熱傳遞。

①同樣是與溫度差成正比，

傳遞熱量＝ ×溫度差

傳遞熱量＝ ×溫度差×面積

②與鐵板的面積成正比，

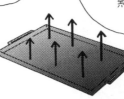

傳遞熱量＝ ×溫度差×面積×時間

③與時間成正比，

④比例常數為熱傳遞係數，

α ＝熱傳遞係數

⑤完成。

$$傳遞熱量 = \alpha(\theta_1 - \theta_2)St$$

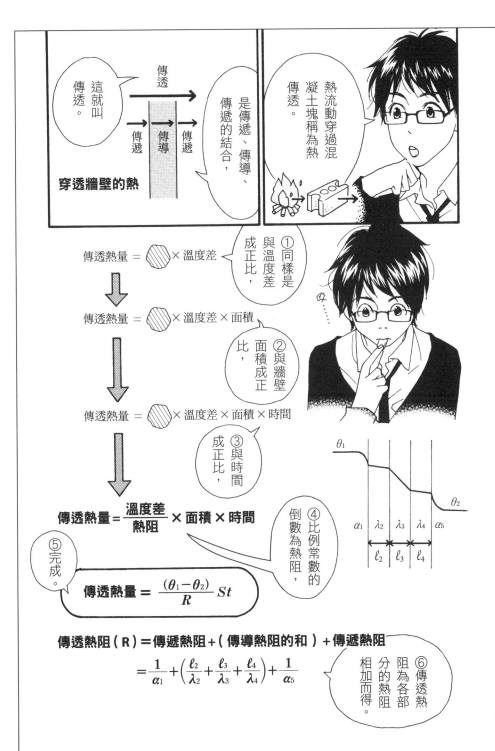

穿透牆壁的熱

傳透　傳遞、傳導、傳遞的結合，是這就叫傳透。

熱流動穿過混凝土塊稱為熱傳透。

傳透熱量 = ⬡ × 溫度差

① 同樣是與溫度差成正比，

傳透熱量 = ⬡ × 溫度差 × 面積

② 與牆壁面積成正比，

傳透熱量 = ⬡ × 溫度差 × 面積 × 時間

③ 與時間成正比，

傳透熱量 = 溫度差／熱阻 × 面積 × 時間

④ 比例常數的倒數為熱阻，

⑤完成。

傳透熱量 = $\dfrac{(\theta_1 - \theta_2)}{R} St$

傳透熱阻（R）= 傳遞熱阻 +（傳導熱阻的和）+ 傳遞熱阻

$$= \frac{1}{\alpha_1} + \left(\frac{\ell_2}{\lambda_2} + \frac{\ell_3}{\lambda_3} + \frac{\ell_4}{\lambda_4} \right) + \frac{1}{\alpha_5}$$

⑥ 傳透熱阻為各部分的熱阻相加而得。

單位分別是

cd、lx、$\dfrac{cd}{m^2}$。

光的量為光通量（光束），單位是流明（lm）。

隨著計算方式的不同，光通量密度有發光強度、照度跟輝度。

發光強度：cd（lm/sr）
照度：lx（lm/m²）
輝度：cd/m²

照度

輝度

lm

發光強度

只有窗戶

全體

畫光率是照進窗戶的光，相對於全天空照度的比值。

可別忘了畫光率。

呼……

完美！

只會拿來考試是不夠的，也要運用到實務上唷。

包在我身上，我可是以一流建築師為目標呢。

話是這麼說，可還沒找到工作。

……呃，現在不是說這個的時候……

我也是一樣

下雪了！

銀色聖誕！

奇怪！

阿晃，你有帶傘嗎？

阿晃的臉

嗯嗯

夏天的時候見過你。

看牠穿得蠻暖的嘛，clo值還滿高的。

乖乖

泳裝造型還滿耀眼的呢！

低……clo值也

是在說誰啊？

246

後 記

建築物理環境與結構力學一樣困難，所以常聽到學生對我說不喜歡這些科目。雖然想學設計，但不想學物理與數學；雖然喜歡設計，但是討厭熱、光、聲音的計算，對於對數更是看都不想看。這種狀況，包含我任教的大學在內，隨處可見。

本書是繼《漫畫結構力學入門》之後出版的書，該書出版後受到許多讀者的喜愛，也在海外發行了韓語版及中文版。《漫畫結構力學入門》並不是單單將算式羅列出來的教科書，而是將理論以簡單、容易理解又有趣的方式來解說，也得到不錯的迴響。這次建築物理環境也一樣，在筆者的努力下，從頭到尾以容易理解又輕鬆詼諧的方式來解說，包含熱、光跟聲音等，讓讀者可以徹底了解建築物理環境的相關基礎原理，並且在與主角一同思考的同時，一步步釐清觀念，吸收正確知識。

另外，《漫畫結構力學入門》與《漫畫建築物理環境入門》的主角及故事是有連續性的，雖然個別閱讀很有趣，但如果由《結構》接續到《物環》的話，漫畫本身的故事內容也相當有可看性。本書的繪畫與《結構》是一同完成的，筆者在日本漫畫學校學習，《結構》花了一年，《物環》花了一年，一共兩年完成兩本書。

當時得到許多專業漫畫老師們的指導及幫助，另外要特別感謝漫畫家Sano Marina（佐野真里奈）老師，幫助我創造出甜美可愛的角色與繪畫風格。在企劃階段，彰國社編輯部的中神和彥先生也幫我很多，還有尾關惠小姐在繁忙的工作下，協助我一步步完成漫畫這個困難的編輯作業，在此致上我內心最深的感謝之意。

原口秀昭
2008年8月

漫畫建築物理環境入門【暢銷修訂版】

原著書名	マンガでわかる環境工学
著　　者	原口秀昭
漫　　畫	Sano Marina
譯　　者	陳曄亭
選 書 人	蔣豐雯
總 編 輯	王秀婷
責任編輯	吳欣怡
美術編輯	于　靖
版　　權	徐昉驊
行銷業務	黃明雪
發 行 人	凃玉雲
出　　版	積木文化
	104台北市民生東路二段141號5樓
	電話：(02) 2500–7696｜傳真：(02) 2500–1953
	官方部落格：www.cubepress.com.tw
	讀者服務信箱：service_cube@hmg.com.tw
發　　行	英屬蓋曼群島商家庭傳媒股份有限公司城邦分公司
	台北市民生東路二段141號2樓
	讀者服務專線：(02)25007718–9｜24小時傳真專線：(02)25001990–1
	服務時間：週一至週五09:30–12:00、13:30–17:00
	郵撥：19863813｜戶名：書虫股份有限公司
	網站：城邦讀書花園｜網址：www.cite.com.tw
香港發行所	城邦（香港）出版集團有限公司
	香港灣仔駱克道193號東超商業中心1樓
	電話：+852–25086231｜傳真：+852–25789337
	電子信箱：hkcite@biznetvigator.com
馬新發行所	城邦（馬新）出版集團 Cite（M）Sdn Bhd
	41, Jalan Radin Anum, Bandar Baru Sri Petaling, 57000 Kuala Lumpur, Malaysia.
	電話：(603) 90578822｜傳真：(603) 90576622
	電子信箱：cite@cite.com.my

國家圖書館出版品預行編目資料

漫畫建築物理環境入門／原口秀昭著；Sano Marina繪；陳曄亭譯.一二版.一台北市；積木文化出版：英屬蓋曼群島商家庭傳媒股份有限公司城邦分公司
2022.08　256面；14.7*21公分；譯自：マンガでわかる環境工学
ISBN：978-986-459-429-0（平裝）
1.環境工程 2.漫畫
445　　　　　　　　　　111010506

封面設計	葉若蒂
製版印刷	上晴彩色印刷製版有限公司

城邦讀書花園
www.cite.com.tw

【印刷版】
2010年 3 月30日　初版一刷
2022年 8 月 2 日　二版一刷
售　價／NT$350
ISBN 978-986-459-429-0
Printed in Taiwan.

【電子版】
2022年 8 月
ISBN 978-986-459-430-6（EPUB）

有著作權·侵害必究